Jürgen Tietze

**Vom Richtigen und Falschen
in der elementaren Algebra**

Aus dem Programm Mathematik

„In Mathe war ich immer schlecht..."
von A. Beutelspacher

„Das ist o. B. d. A. trivial!"
von A. Beutelspacher

Leitfaden Arithmetik
von H. J. Gorski und S. Müller-Philipp

Mathematik zum Studienbeginn
von A. Kemnitz

Schulwissen Mathematik: Ein Überblick
von W. Scharlau

Einführung in die angewandte Wirtschaftsmathematik
von J. Tietze

Übungsbuch zur angewandten Wirtschaftsmathematik
von J. Tietze

Einführung in die Finanzmathematik
von J. Tietze

Übungsbuch zur Finanzmathematik
von J. Tietze

vieweg

Jürgen Tietze

Vom Richtigen und Falschen in der elementaren Algebra

Ein Büchlein zum Aufspüren von Fehlerquellen, insbesondere für Menschen, die gelegentlich glauben, an der Mathematik verzweifeln zu müssen

Bibliografische Information Der Deutschen Nationalbibliothek
Die Deutsche Nationalbibliothek verzeichnet diese Publikation in der
Deutschen Nationalbibliografie; detaillierte bibliografische Daten sind im Internet über
<http://dnb.d-nb.de> abrufbar.

Prof. Dr. Jürgen Tietze
Fachbereich Wirtschaftswissenschaften
Fachhochschule Aachen
Eupener Straße 70
52066 Aachen

E-Mail: tietze@fh-aachen.de

1. Auflage 2007

Alle Rechte vorbehalten
© Friedr. Vieweg & Sohn Verlag | GWV Fachverlage GmbH, Wiesbaden 2007

Lektorat: Ulrike Schmickler-Hirzebruch | Susanne Jahnel

Der Vieweg Verlag ist ein Unternehmen von Springer Science+Business Media.
www.vieweg.de

Das Werk einschließlich aller seiner Teile ist urheberrechtlich geschützt.
Jede Verwertung außerhalb der engen Grenzen des Urheberrechtsgesetzes
ist ohne Zustimmung des Verlags unzulässig und strafbar. Das gilt insbesondere für Vervielfältigungen, Übersetzungen, Mikroverfilmungen und
die Einspeicherung und Verarbeitung in elektronischen Systemen.

Umschlaggestaltung: Ulrike Weigel, www.CorporateDesignGroup.de
Druck und buchbinderische Verarbeitung: MercedesDruck, Berlin
Gedruckt auf säurefreiem und chlorfrei gebleichtem Papier.
Printed in Germany

ISBN 978-3-8348-0401-3

Inhalt

1	Einleitung	1
2	Darstellungsmethode – Hinweise zum Gebrauch – Abkürzungen	4
3	Algebraische Rechenregeln – Darstellung und Fehlerquellen	5
	3.1 Axiome und Konventionen	5
	3.2 Elementare Algebra in $\mathbb{R}$ – Darstellung und Fehlerquellen	11
	3.3 Bemerkungen zur Zahl NULL	29
	3.4 Potenzen – Darstellung und Fehlerquellen	33
	3.5 Logarithmen – Darstellung und Fehlerquellen	43
	3.6 Gleichungen – Lösungsverfahren und Fehlerquellen	50
	3.7 Ungleichungen – Lösungsverfahren und Fehlerquellen	57
4	Ausblick – oder: was es sonst noch so alles gibt	63
Literaturhinweise		69

Am Schluss des Buches ist eine herausnehmbare Tafel mit den verwendeten algebraischen Regeln eingefügt – es empfiehlt sich, bei der Bearbeitung diese Tafel neben den Text zu legen, um die häufigen Verweise unmittelbar nachvollziehen zu können.

*Was aber die Wahrheit betrifft,
so zeigt sie sich selbst
ihren intimsten Verehrern
nur in keuscher Umhüllung...*
Wilhelm Busch

*Heute noch keinen Fehler gemacht?
Dann hast du auch noch nichts gelernt!*
Anonym

1 Einleitung

Ein Blick in die einschlägige Literatur [1] zeigt, dass sich das Thema „Fehler in der Mathematik" durch eine nahezu unerschöpfliche Variantenvielfalt auszeichnet. Zu jeder Fertigkeitsstufe eines Lernenden, für jedes Lebensalter und zu jedem Teilgebiet der Mathematik wird ein entsprechendes Fehlerthema mal psychologisch, mal methodisch, mal mathematisch- inhaltlich aufzuarbeiten versucht, fast jeder Autor betont allerdings auch die Feststellung, dass angesichts der unübersehbaren [2] Fehler-Erscheinungsformen eine endgültige und systematisch sauber eingrenzbare Kategorisierung *(und damit die ein für allemal erfolgreiche Therapierung)* aller vorkommenden Fehler zum Scheitern verurteilt sein dürfte.

So begnügt man sich nicht selten mit der Betrachtung und/oder Erforschung von Teilaspekten des Fehler-Themas, etwa gekennzeichnet durch das Umfeld eines oder mehrerer der folgenden Fehlerkategorien und -begriffe:

- Denkfehler, Täuschung, Irrtum, Fehlschluss, Trugschluss, Sophismus, Paradoxie, Antinomie...
- Fehlerquellen, Fehlerentstehung, *(individuelle)* Fehlerstrategien, Fehlervermeidung, Fehleranalyse, Fehlertheorien, Fehlerkulturen...

---

[1] Siehe Literaturverzeichnis am Schluss des Buches.
[2] So konstatiert z.B. Radatz, H., Fehleranalysen im Mathematikunterricht, Vieweg 1980, S.27, bereits 300-400 systematische Fehler allein bei den vier Grundrechenarten.

- Fehlerklassifizierungen, Fehlertypen[3] *(z.B. Perseverationsfehler, Assoziationsfehler, Psychophysische Fehler, Aufmerksamkeitsfehler, noetisch bedingte Fehler, emotional bedingte Fehler...)*, Fehlerfallen, Fehlerverbesserung, Fehlerbehandlung, Fehlerbewertung, Fehlerverhütung, Fehlerbekämpfung...

So schillernd und undurchdringlich das Dickicht dieser Begriffsliste auch ist, so erstaunlich ist andererseits die Tatsache, dass offenbar über einen langen Zeitraum *(mehr als 50 Jahre)* „kaum qualitative oder quantitative Veränderungen der häufigsten Fehlertechniken"[4] zu beobachten sind – es scheint also so zu sein, als ob sich das Fehler-Universum im Zeitablauf zumindest nicht wesentlich ausdehnt.

Langjährige Erfahrungen mit Studierenden der Wirtschaftswissenschaften, die sich – gemäß Curriculum – in ihren ersten Semestern intensiv mit Finanz- und Wirtschaftsmathematik beschäftigen (müssen), zeigen denn auch ähnliches: Zwar ist die Phantasie vieler Studierender im Erfinden neuer Rechenregeln stets äußerst rege, es zeigt sich allerdings, dass bestimmte Fehler insbesondere in der elementaren Arithmetik und Algebra immer wieder und immer wieder gehäuft anzutreffen sind.[5]

Und weiterhin – auf Nachfrage bei den Studierenden – hört man als eines der gravierenden diesbezüglichen Probleme immer wieder: „Ich kann mir die Fülle der vielen verschiedenen Rechenregeln nicht merken – wenn ich einen Fehler mache, weiß ich weder vorher noch hinterher, warum". Mathematik also wird – selbst in ihrer elementaren Form – verstanden als ein kaum durchdringliches Dickicht, bestehend aus Hunderten von mehr oder weniger uneinsichtigen Regeln. Nun besteht aber das Fundament vieler mathematischer Disziplinen und Anwendungsfelder zu einem hohen Prozentsatz aus Arithmetik und Algebra. Gravierende Fehlvorstellungen in diesen Grundlagenbereichen führen somit nicht selten zum Scheitern an der Mathematik insgesamt.

Die allgemein zu beobachtende Schwäche vieler Studienanfänger in Mittelstufen-Mathematik *(elementare Arithmetik, Term-Manipulationen, Verfahren zur Lösung von (Un-) Gleichungen, das Rechnen mit Potenzen, Wurzeln, Logarithmen)* waren der Anlass, für diesen so wichtigen, wenn auch elementaren Bereich der Arithmetik und Algebra *(dem mathematischen Bereich also der schulischen Mittelstufe)* zu zeigen,

a) woher die *(vermeintlich)* vielen elementarmathematischen Regeln kommen und
b) welche Fehler in diesem Bereich vorrangig auftreten können.

Dabei habe ich mich insbesondere von der *(durch Erfahrung bestärkten)* Vorstellung leiten lassen, dass die Mathematik besonders gut geeignet ist, um aus seinen Fehlern lernen zu können. Ich möchte also den „psychologischen Fehler"[6] so mancher Mathematikbücher vermeiden, die nur Fehlerfreies präsentieren und somit die Chance nicht nutzen können, das Lernen aus Fehlern zu fördern.

---

[3] Siehe etwa Radatz, H.: Fehleranalysen im Mathematikunterricht, Vieweg 1979 sowie Schaffrath, J.: Gedanken zur Psychologie der Rechenfehler, MU 3,3, 1957, S. 5ff.

[4] Siehe Radatz, H.: Untersuchungen zu Fehlleistungen im Mathematikunterricht, Journal für Didaktik der Mathematik (1), 1980, S. 219.

[5] Siehe etwa auch Führer, L.: Pädagogik des Mathematikunterrichts, 1997, S. 135ff. Im dort dokumentierten Test zur Mittelstufenmathematik bei Oberstufenschülern ergaben sich folgende Resultate im Algebra-Teil: 91% (also fast alle) der Schüler lösten weniger als 40% der Aufgaben, 68% weniger als 20% und immerhin noch 45% der Schüler weniger als 10% (!) der Aufgaben.

[6] Siehe Furdek, A.: Fehler-Beschwörer, Achern 2001, S. 3.

1 Einleitung

Es wird sich herausstellen, dass die Grundlage der elementaren Algebra aus etwa zehn recht einfachen und einsichtigen Grundregeln *(Axiomen)* besteht.

Alle weiteren Algebra-Regeln *(wie etwa das berühmte „Minus mal Minus ergibt Plus")* lassen sich aus diesen Axiomen relativ einfach herleiten – und werden hier auch vollständig und exakt hergeleitet.[7] Diese abgeleiteten Regeln werden selten zusammenfassend dargestellt und bewiesen. Häufig[8] herrschen Redewendungen vor wie „...wie man sich leicht klarmacht..." oder „...wie der Leser in der Übung 7 leicht selbst beweisen kann...".

Nach landläufiger Meinung müssen Regeln so oft/lange geübt werden, bis sie in „Fleisch und Blut" übergegangen sind. Hier zeigt sich denn auch ein Problem bei vielen individuellen „Fehlerstrategien": Man hat – ohne Beweis – diverse Regeln im Kopf. Da es „normal" ist, solche Regeln nicht nachzuweisen, braucht man auch falsche (Spiel-) Regeln nicht „negativ" zu begründen *(d.h. zu widerlegen)*.

Eine bloße Aneinanderreihung von „beliebten" Fehlerfallen könnte beim Lernenden das Gefühl erzeugen, auch das Meer der Fehler sei unendlich groß, als Schiffbrüchiger habe man also keine Chance. Der Weg, der in diesem Büchlein beschritten wird, ist insofern ein wenig anders, als jeder dokumentierte Fehler unmittelbar verbunden wird mit entweder einem aussagekräftigen Gegenbeispiel oder mit der korrekten Grundregel, gegen die verstoßen wurde und die *(mit Beweis)* unmittelbar zur Verfügung steht.

So manche Fehlersammlung[9] lokalisiert nämlich zwar Fehler und weist auf den neuralgischen Punkt dieses Fehlers hin, sagt manchmal auch, wie es richtig sein muss, selten aber, **warum** es gerade **so** *(und nicht anders)* richtig ist.

So besteht die Absicht des vorliegenden Büchleins insbesondere darin, die auf den ersten Blick unglaubliche Vielfalt elementarer mathematischer Gesetze und ihrer Anwendungs-Fehler auf ihre Quellen, nämlich die wenigen Axiome, Konventionen und die daraus abgeleiteten Rechenregeln zurückzuführen. Vorrangiges Ziel dabei ist es, den Lernenden in die Lage zu versetzen, algebraische Umformungen und (Un-)Gleichungslösungen durch *bewusstes* Anwenden von einsehbaren Regeln durchführen und begründen zu können.[10]

Die schlechtesten Schüler
machen immerhin manchmal
die besten Fehler.

Gerd v. Bruch
(Fußballtrainer)

---

[7] v.Mangoldt/Knopp: Einführung in die höhere Mathematik, Bd. I, Stuttgart 1962, S. 101, schreiben, der Nachweis dieser Elementar-Regeln sei äußerst mühsam und langweilig, zudem recht einfach, so dass man die Beweise „dem Leser überlassen" könne...

[8] Siehe z.B. v.Mangoldt/Knopp: a.a.O., S. 101; Heuser, H.: Lehrbuch der Analysis, Teil 1, Stuttgart 1994, S. 39f.; Walter, W.: Analysis 1, Berlin, Heidelberg, New York 1992, S. 7f.

[9] Siehe z.B. Lietzmann, W.: „Wo steckt der Fehler?", Stuttgart 1969.

[10] Vgl. Malle, G.: Didaktische Probleme der elementaren Algebra, Vieweg 1993, S. 24.

2 Darstellungsmethode – Hinweise zum Gebrauch – Abkürzungen

Folgende Vorgehensweise wurde gewählt:

Für jedes elementarmathematische Teilthema *(Axiome, Konventionen über die Reihenfolge von arithmetischen Operationen, Arithmetik, Besonderheiten der Zahl „0", Potenzen, Logarithmen, Gleichungen, Ungleichungen)* erfolgen

- Darstellung des mathematischen Sachverhaltes;
- Beweis der abgeleiteten Regeln *(mit Hinweis auf die benutzten „Werkzeuge")*;
- Beispiele zur *(korrekten)* Anwendung;
- Fehlermöglichkeiten, Fehlerfallen, Fehlerquellen mit Hinweisen zu ihrer Vermeidung; Gegenbeispiele.

Zu jeder algebraischen Regel findet sich ihr Beweis, abgeleitet aus den Axiomen bzw. den bereits bewiesenen Regeln. Um den Text nicht zu überfrachten, werden die Potenzgesetze P1 bis P5 nur für natürliche und ganze Exponenten begründet und der Übergang zu rationalen oder reellen Exponenten in analoger Weise postuliert. Die sich daran anschließenden Logarithmengesetze L1 bis L3 werden dann mit Hilfe der Potenzgesetze bewiesen. Die Äquivalenzregeln für Gleichungen und Ungleichungen *(die teilweise axiomatischer Natur sind)* werden aufgelistet, anhand von Beispielen plausibel gemacht und mögliche Fehlerquellen analysiert.

Folgende Abkürzungen werden verwendet:

$A1, \ldots, A5$:	Axiome der Addition; $M1, \ldots, M5$: Axiome der Multiplikation
D:	Distributivgesetz *(Axiom)*
$K1, \ldots, K8$:	Konventionen *(Vereinbarungen)* über die Reihenfolge von Operationen
$R1, \ldots, R17.2$:	aus den Axiomen abgeleitete Regeln
$P1, \ldots, P8$:	Potenzgesetze; $L1, \ldots, L3$: Logarithmengesetze
$G1, \ldots, G9$; $U1, \ldots, U8.2$:	Äquivalenzregeln für Gleichungen bzw. Ungleichungen
Def.1,..., Def.8:	Definitionen *(Subtraktion, Division, Potenzen, Logarithmen)*
$\mathbb{N}, \mathbb{Z}, \mathbb{Q}, \mathbb{R}$	Menge der natürlichen, ganzen, rationalen, reellen Zahlen
$a \not\Leftrightarrow b$	a wird fälschlicherweise identifiziert mit b
$A \not\Leftrightarrow B$	Die Aussagen *(Aussageformen)* A und B werden fälschlicherweise als äquivalent betrachtet
F4.9	in Kap. 3.4 das Fehlerbeispiel Nr. **9**
$:= , =:$	ist definitionsgemäß gleich
lg ; ln	$\lg := \log_{10}$ *(Zehnerlogarithmus)*; $\ln := \log_e$ *(natürlicher Logarithmus)*
LS, RS:	linke Seite, rechte Seite
$\wedge$; $\vee$	$\wedge$: logisches „und"; $\vee$: logisches „oder"
$\square$	$\square$ markiert das Ende einer Beweisführung

Es empfiehlt sich, während der Lektüre des Textes sämtliche Regeln im Blickfeld zu haben.

Dazu dient die am Ende des Buches befindliche herausnehmbare Tafel.

Fehler-Beispiele, z.B. **F4.9** $\sqrt{x^2+y^2} \not\Leftrightarrow x+y$ stehen in einem gestrichelten Kasten.

*Das größte Hindernis
beim Erkennen der Wahrheit
ist nicht die Falschheit,
sondern die Halbwahrheit.*

Leo N. Tolstoi

*Es ist nicht das Wissen, sondern das Lernen,
nicht das Besitzen, sondern das Erwerben,
nicht das Da-Sein, sondern das Hinkommen,
was den größten Genuss gewährt.*

Carl. F. Gauß

3 Algebraische Rechenregeln
– Darstellung und Fehlerquellen –

3.1 Axiome und Konventionen

Der folgende Abschnitt stellt die Grundregeln für das Rechnen mit reellen Zahlen zusammen, ohne deren Kenntnis keine mathematische Anwendung möglich ist.

Das Rechnen im Bereich der reellen Zahlen $\mathbb{R}$ stützt sich dabei auf ein vollständiges und in sich widerspruchsfreies System elementarster **Grundregeln** (**Axiome**[11] genannt), deren Gültigkeit nicht bewiesen wird, sondern als **unmittelbar einleuchtend** unterstellt wird.

Bemerkung: Um Axiome „beweisen" zu können, müsste man noch einfachere Grundgesetze kennen, deren „Beweis" noch einfachere Grundregeln erfordert usw. Die im folgenden vorgestellten Axiome gehören bereits der elementarsten Kategorie an.

Auf den folgenden elf Axiomen *(fünf Axiome der Addition; fünf Axiome der Multiplikation; ein Axiom, das die Operationen „Addition" und „Multiplikation" miteinander verknüpft)* beruhen sämtliche „klassischen" Rechenregeln der elementaren Algebra *(mit Ausnahme der durch „ > " und „ < " definierten Ungleichheitsregeln, die erst in Kapitel 3.7 behandelt werden)*.

---

[11] Axiom *(gr.-lat.)*: als absolut richtig erkannter Grundsatz; gültige Wahrheit, die keines Beweises bedarf. Für unterschiedliche Bereiche der Mathematik existieren vollständige und widerspruchsfreie Axiomensysteme, so etwa für die Geometrie *(Euklid)* und die Wahrscheinlichkeitstheorie *(Kolmogoroff)*. Berühmt ist die Tatsache, dass man mehr als 2000 Jahre lang der Meinung war, das euklidische Parallelen-Postulat als beweisbaren Satz aus den übrigen Axiomen herleiten zu können, bis schließlich J. Bólyai im 19. Jahrhundert nachweisen konnte, dass es sich beim Parallelen-Postulat in Wirklichkeit um ein von den anderen Sätzen unabhängiges Axiom handelt.

Axiome *(Grundgesetze)* der reellen Algebra:

In der Menge $\mathbb{R}$ der reellen Zahlen sind zwei Operationen (nämlich „+" **(Addition)** und „·" **(Multiplikation)**) erklärt, die den folgenden **Axiomen** *(Grundgesetzen)* genügen: [12]

Addition „+"

A1 *(Existenz der Summe)*

Zu je zwei Zahlen $a, b \ (\in \mathbb{R})$ gibt es *genau eine* Zahl $s \ (\in \mathbb{R})$ mit der Eigenschaft:

$$s = a + b$$

(s heißt *Summe*).

A2 *(Assoziativgesetz bzgl. +)*

Für alle $a, b, c \ (\in \mathbb{R})$ gilt:

$$a+(b+c) = (a+b)+c =: a+b+c$$

A3 *(neutrales Element bzgl. + ; Null-Element)*

Es gibt *genau ein* Element aus $\mathbb{R}$ (nämlich die Zahl 0), so dass für alle $a \ (\in \mathbb{R})$ gilt:

$$a + 0 = 0 + a = a$$

A4 *(inverses Element bzgl. +)*

Zu jeder Zahl $a \ (\in \mathbb{R})$ gibt es *genau eine* Gegenzahl (*inverses* Element bzgl. +) nämlich $-a \ (\in \mathbb{R})$, so dass gilt:

$$a + (-a) = (-a) + a = 0$$

Def.1: $\quad a + (-b) =: a - b$

A5 *(Kommutativgesetz bzgl. +)*

Für alle $a, b \ (\in \mathbb{R})$ gilt: $\quad a + b = b + a$

Multiplikation „·"

M1 *(Existenz des Produktes)*

Zu je zwei Zahlen $a, b \ (\in \mathbb{R})$ gibt es *genau eine* Zahl $p \ (\in \mathbb{R})$ mit der Eigenschaft:

$$p = a \cdot b =: ab$$

(p heißt *Produkt*).

M2 *(Assoziativgesetz bzgl. ·)*

Für alle $a, b, c \ (\in \mathbb{R})$ gilt:

$$a \cdot (b \cdot c) = (a \cdot b) \cdot c =: abc$$

M3 *(neutrales Element bzgl. · ; Eins-Element)*

Es gibt *genau ein* Element aus $\mathbb{R}$ (nämlich die Zahl 1), so dass für alle $a \ (\in \mathbb{R})$ gilt:

$$a \cdot 1 = 1 \cdot a = a$$

M4 *(inverses Element bzgl. ·)*

Zu jeder Zahl $a \ (\in \mathbb{R} \setminus \{0\})$ gibt es *genau eine* reziproke Zahl (*inverses* Element bzgl. ·) nämlich $\frac{1}{a} \ (\in \mathbb{R})$, so dass gilt:

$$a \cdot \frac{1}{a} = \frac{1}{a} \cdot a = 1 \qquad (a \neq 0)$$

Def.2: $\quad a \cdot \dfrac{1}{b} =: \dfrac{a}{b} \qquad (b \neq 0)$

M5 *(Kommutativgesetz bzgl. ·)*

Für alle $a, b \ (\in \mathbb{R})$ gilt: $\quad a \cdot b = b \cdot a$

D *(Distributivgesetz)*

Für alle $a, b, c \ (\in \mathbb{R})$ gilt: $\quad a \cdot (b+c) = ab + ac$

($ab + ac$ steht abkürzend für $(a \cdot b) + (a \cdot c)$, siehe folgende Konventionen („Punkt" vor „Strich"). Das Distributivgesetz verbindet – als einziges der Axiome – die beiden Operationen „+" und „·").

---

[12] Die Symbole „:=" und „=:" bedeuten: „ist definitionsgemäß gleich" – die „gepunktete" Seite wird definiert.

3.1 Axiome und Konventionen

Bemerkung: Eine Menge, die den Axiomen A1-A5, M1-M5 und D genügt, heißt **Körper**. Sowohl die reellen Zahlen ($\mathbb{R}$) als auch die rationalen Zahlen ($\mathbb{Q}$) sowie die komplexen Zahlen ($\mathbb{C}$) bilden bzgl. „ + " und „ · " einen Körper.

Wie aus Def. 1 (in Axiom A4) bzw. Def. 2 (in Axiom M4) hervorgeht, werden **Subtraktion** und **Division** wie folgt erklärt:

i)   Die **Subtraktion** ist die Addition der Gegenzahl:

Def. 1 $\boxed{a - b := a + (-b)}$.

ii)   Die **Division** ist die Multiplikation mit der reziproken Zahl:

Def. 2 $\boxed{a : b := a \cdot \dfrac{1}{b} =: \dfrac{a}{b}}$ $(b \neq 0)$.

In der **Bruchzahl** $\dfrac{a}{b}$ heißen a der **Zähler** *(oder der Dividend)* und b der **Nenner** *(oder der Divisor)*. Statt $\dfrac{a}{b}$ schreibt man für einen Bruch häufig auch *(mit schrägem Bruchstrich):* a/b .

Aus Def.1 und Def. 2 erkennt man, dass für die Subtraktion („–") und für die Division („:") die Kommutativgesetze A5 bzw. M5 **nicht** gelten:

Subtraktion: $a - b \neq b - a$ ($\notin$)   Richtig ist vielmehr: $a - b \underset{Def.1}{=} a+(-b) \underset{A5}{=} (-b)+a = -b+a$;

Division: $a : b \neq b : a$ ($\notin$)   Richtig ist vielmehr: $a : b = \dfrac{a}{b} \underset{Def.2}{=} a \cdot \dfrac{1}{b} \underset{M5}{=} \dfrac{1}{b} \cdot a$.

Eine Zahl verändert ihren Wert nicht bei mehrfacher Klammerung, z.B. gilt: $-a = (-a) = ((-a)) = ...$ Um eine übersichtliche Schreibweise ohne allzu viele Klammern ermöglichen zu können, verwendet man einige **Konventionen** hinsichtlich der Reihenfolge der Rechenoperationen *(und spart auf diese Weise präzisierende Klammern ein)*:

Konventionen: *(Vereinbarungen über die **Reihenfolge** der Rechenoperationen in $\mathbb{R}$)*

K1   **Klammern** haben absoluten Vorrang *(werden also stets **zuerst** berechnet)* ;

K2   Danach werden alle **Potenzen** *(a^x bzw. x^n, siehe Kap. 3.4)* berechnet, und zwar – bei fehlenden Klammern – von „*oben nach unten*". Dasselbe gilt für die Auswertung von anderen Funktionstermen wie z.B. $\sqrt{\ldots}$ oder $\log_a \ldots$ oder $\sin \ldots$;

K3   Danach werden alle **Punktoperationen** *(Multiplikation „·" ; Division „:")* durchgeführt, und zwar *von links nach rechts*, falls keine Klammern stehen ;

K4   Danach werden alle **Strichoperationen** *(Addition „+" ; Subtraktion „–")* durchgeführt (bei fehlenden Klammern ebenfalls *von links nach rechts*) .
In diesem Sinne gilt also auch: **–ab := –(ab)**

Merkregel: „*Klammern* **vor** *Potenz* **vor** *Punkt* **vor** *Strich*"

Beispiele:

i) $\quad 5 + 3 \cdot ((9-6) \cdot 4)^2 - 7 \underset{K1}{=} 5 + 3 \cdot (3 \cdot 4)^2 - 7 \underset{K1}{=} 5 + 3 \cdot 12^2 - 7 \underset{K2}{=} 5 + 3 \cdot 144 - 7$

$\underset{K3}{=} 5 + 432 - 7 \underset{K4}{=} 430 \,.$

ii) Stehen in Beispiel i) keine Klammern, so gilt folgendes:

$5 + 3 \cdot 9 - 6 \cdot 4^2 - 7 \underset{K2}{=} 5 + 3 \cdot 9 - 6 \cdot 16 - 7 \underset{K3}{=} 5 + 27 - 96 - 7 \underset{K4}{=} -71 \,.$

iii) $\quad\quad\quad\quad 4^{3^2} := 4^{(3^2)}$ (K2: „von oben nach unten"!) $= 4^9 = 262.144$

aber: $\quad\quad (4^3)^2 = 64^2$ (K1: „Klammer zuerst"!) $= 4.096 \,.$

iv) $\quad\quad\quad\quad 48 : 3 : 4 \cdot 2 = 16 : 4 \cdot 2 := 4 \cdot 2 = 8$ (K3: „von links nach rechts."!)

aber: $\quad\quad 48 : 3 : (4 \cdot 2) =$ (K1: „Klammer zuerst") $48 : 3 : 8 = 16 : 8 = 2$

v) $\quad\quad\quad\quad 120 - 50 - 20 := (120 - 50) - 20 = 70 - 20 = 50$ („von links nach rechts"!)

aber: $\quad\quad 120 - (50 - 20) = 120 - 30 = 90$ („Klammer zuerst"!)

---

weitere Konventionen: *(Vereinbarungen über die **Reihenfolge** der Rechenoperationen in $\mathbb{R}$)*

K5 Ein Bruchstrich ersetzt die separate Klammerung von Zähler und Nenner:

$$\boxed{\frac{a+b}{c+d} := \frac{(a+b)}{(c+d)} = (a+b) : (c+d)} \,.$$

Zwar ist die separate Klammerung von Zähler und Nenner prinzipiell erlaubt, führt aber *(insbesondere bei Mehrfachbrüchen)* zu unübersichtlicher Darstellung.

Beispiele:

i) $\quad \frac{7+8}{2+3} = (7+8) : (2+3) = 15 : 5 = 3 \,;\quad$ nicht: $\frac{7+8}{2+3} \neq 7+8:2+3 \; (=14\,\tfrac{2}{3})$

ii) $\quad \frac{10x-8}{2} = \frac{1}{2} \cdot (10x-8)$ (d.h. die Klammer *muss* wieder geschrieben werden, wenn der Bruchstrich entfällt!)

Die Vorrang-Reihenfolge „Klammer vor Potenz vor Punkt vor Strich" gilt auch bei Vorliegen nur der entsprechenden **Vorzeichen** *(statt **Rechenzeichen**)*, siehe z.B. K4: $-ab := -(ab)$. Wir führen zwei weitere wichtige Fälle als eigene Konventionen auf:

K6 $\quad\quad\quad\quad \boxed{ab^n := a \cdot (b^n)} \quad\quad\quad\quad$ („*Potenz vor Punkt*")

Beispiel: $\quad\quad 5x^3 = 5 \cdot (x^3) = 5 \cdot x \cdot x \cdot x$

aber: $\quad\quad (5x)^3 = 5x \cdot 5x \cdot 5x = 125 \cdot (x^3) = 125x^3 \,.$

3.1 Axiome und Konventionen

K7 $\quad\boxed{-a^n := -(a^n)}\quad$ *("Potenz vor Strich")*

*(d.h. ein Exponent bezieht sich – bei Fehlen von Klammern – nur auf die **unmittelbar** vorhergehende Zahl ohne ein evtl. vorangestelltes Minuszeichen*

Beispiele: i) $\quad -2^4 := -(2^4) \quad$ *("Potenz vor Strich"!)* $= -16$

aber: $(-2)^4 = (-2)\cdot(-2)\cdot(-2)\cdot(-2) = +16$.

ii) $\quad -(-3^2)^4 = -((-(3^2))^4) = -((-9)^4) = -(6561) = -6561$

aber: $-(-(3^2)^4) = -(-(9)^4) = -(-(9^4)) = -(-6561) = +6561$.

Bemerkung: *Es sei noch einmal nachdrücklich darauf hingewiesen, dass zur Zahl Null **kein** inverses Element bzgl. der Multiplikation existiert (siehe M4), anders gesprochen, dass eine **Division durch Null nicht definiert** (und daher „verboten") ist.*

Jeder Versuch, die Division durch Null zu erklären, führt zu einem unauflösbaren Widerspruch innerhalb des Axiomensystems (S. 6)!

Wir werden den eigentlichen Grund dafür und die mit der „verbotenen" Division durch Null provozierten beliebten Fehlerfallen ausführlich in Kap. 3.3 diskutieren, wenn die – nachfolgend bewiesenen – üblichen Rechengesetze in $\mathbb{R}$ zur Verfügung stehen.

Fehler im Zusammenhang mit den Axiomen und Konventionen:

F1.1 Eine besonders große Verwechslungsgefahr bieten die Axiome

M2 (*Assoziativgesetz der Multiplikation:* $\quad a(bc) = (ab)c =: abc \quad$ und

D (*Distributivgesetz:* $\quad a(b+c) = ab+ac$

Auf ein mehrfaches Produkt, etwa $2 \cdot (a \cdot b)$, wird gerne *(fälschlicherweise)* das Axiom D, d.h. das „Distributivgesetz" angewendet, und das erstaunliche „Ergebnis" lautet:

$$2 \cdot (a \cdot b) \neq 2 \cdot a \cdot 2 \cdot b = 4ab \; (\not{}) \; .$$

Daher unterscheide man genau: $\quad 2 \cdot (a \cdot b) \underset{M2}{=} (2 \cdot a) \cdot b = 2ab \quad$ (*Assoziativgesetz M2*)

aber: $\quad 2 \cdot (a+b) \underset{D}{=} 2a + 2b \quad$ (*Distributivgesetz D*) .

Weitere **Fehler** in loser Reihenfolge:

F1.2 (a) $5x - 5y \neq x - y$.   Richtig: Distributivgesetz: $5x - 5y = 5(x - y)$

(b) $7xy - yx \neq 7$.   Richtig: Distributivgesetz: $7xy - yx = xy(7 - 1) = 6xy$

(c) $3u + u \cdot 7 \neq 28u$ (Punkt vor Strich nicht beachtet! Distr.gesetz: $u(3 + 7) = 10u$)

(d) $y + (3y + 9y) \neq y + 3y + y + 9y = 14y \, (\cancel{})$ („Distributivgesetz" nicht anwendbar!
   Richtig nach A2: $13y$)

(e) $-5x + 0 \cdot x \neq -5x^2$ (Punkt vor Strich nicht beachtet, $x + 0$ fälschlich geklammert!
   Richtig: $-5x$)

(f) $5 + 7 \cdot x \neq 12x$ (Punkt vor Strich nicht beachtet!)

(g) $a^2 - b^2 \cdot x^2 - y^2 \neq (a^2 - b^2) \cdot (x^2 - y^2)$ (Punkt vor Strich nicht beachtet!)

(h) $2a - a \neq 2$ ($a - a = 0$; „0" kann man „weglassen"...;
   Richtig: a (mit Distributivgesetz (a ausklammern!) zeigen)

(i) $48 : 8 \cdot 6 \neq 48 : 48 \; (= 1)$ (K3: von links nach rechts! $48 : 8 \cdot 6 = (48:8) \cdot 6 = 36$)

Es gilt stets: $3 + 3 = 7$

Beweis: Mit Hilfe der üblichen
Rundungsvorschriften erhält man:

$3{,}4 + 3{,}4 = 6{,}8$ d.h. gerundet
$3 + 3 = 7$ □

Ein Ökonom, ein Ingenieur und ein Mathematiker befinden sich in einem brennenden Dachgeschoss, das Sprungtuch der Feuerwehr ist bereit.

Der Ökonom stellt sich ans Fenster, peilt das Sprungtuch an, springt und landet irgendwo auf dem Tuch.

Der Ingenieur überschlägt das ganze noch einmal größenordnungsmäßig und landet schließlich genau in der Mitte des Sprungtuchs.

Der Mathematiker kauert in einer Ecke und vertieft sich in algebraische Termumformungen. Schließlich steht er auf, springt – und fliegt nach oben, um nie wieder gesehen zu werden.

Im Unendlichen treffen sich nach einiger Zeit alle wieder. Der Ökonom und der Ingenieur fragen den Mathematiker, was denn passiert sei, worauf dieser antwortet: „Vorzeichenfehler..."

Acht von sechs Personen verstehen Brüche nicht.

Wie oft kann man 11 von 93 abziehen?
Und was bleibt schließlich übrig?
Antwort: Man kann 11 von 93 abziehen
so oft man will, und jedes Mal bleibt 82 übrig.

3.2 Elementare Algebra in ℝ
– Darstellung und Fehlerquellen –

Aus den **Körperaxiomen** A1-A5 *(Axiome der Addition)*, M1-M5 *(Axiome der Multiplikation)*, D *(Distributivgesetz)* sowie Def. 1 *(Subtraktion)* und Def. 2 *(Division)* folgen sämtliche bekannten Rechenregeln in ℝ. Diese Rechenregeln sind ihrer Natur nach **allgemeingültige Aussageformen** *(z.B. Gleichungen)*, die für **jede beliebige Einsetzung wahr** sind *(wobei – siehe Axiom M4 und die letzte Bemerkung – sämtliche vorkommenden Nenner oder Divisoren als von Null verschieden vorausgesetzt werden müssen)*.

Nachfolgend werden sämtliche für das algebraische Rechnen notwendigen Elementar-Regeln R1 bis R17 aufgeführt und mit Hilfe der Axiome bzw. bereits bewiesener Regeln bewiesen. Das Symbol □ deutet dabei auf das Ende des jeweiligen Beweises hin.

Bei der Herleitung der Beweise wird *unter das Gleichheitszeichen* einer Folgerungskette das Axiom bzw. die Regel geschrieben, mit deren Hilfe die Gleichung äquivalent umgeformt wurde.

Beispiel: In der Äquivalenzkette
$$(a+b) + (-a) \underset{A5}{=} (b+a) + (-a) \underset{A2}{=} b + (a+(-a)) \underset{A4}{=} b + 0 \underset{A3}{=} b$$

werden nacheinander folgende Axiome der Addition benutzt: Kommutativgesetz A5, Assoziativgesetz A2, das Axiom A4 über das inverse Element sowie das Axiom A3 über das Null-Element.

Zu jeder Regel sind – außer dem Beweis – „beliebte" Fehlermöglichkeiten aufgeführt, die sich auf die betreffende Regel beziehen.

R1 | **Die Gleichung $a + x = b$ ist eindeutig bzgl. x lösbar mit $x = b + (-a)$**

Beweis: i) $b + (-a)$ ist eine Lösung der Gleichung (∗) $\quad a + x = b$.

Setzt man nämlich $b + (-a)$ in die Gleichung (∗) für x ein, so folgt:

$$a + (b + (-a)) \underset{A5}{=} a + ((-a) + b) \underset{A2}{=} (a + (-a)) + b \underset{A4}{=} 0 + b \underset{A3}{=} b \ ,$$

die Gleichung $a + x = b$ wird also für unsere Einsetzung wahr, somit ist $b+(-a)$ tatsächlich eine Lösung von (∗).

ii) Es gibt auch nur *genau eine* Lösung der Gleichung (∗). Denn angenommen, es gäbe zwei Lösungen der Gleichung (∗), etwa x_1 und x_2.

Dann müssen die Aussagen: $\quad a + x_1 = b \quad$ und $\quad a + x_2 = b$

beide wahr sein. Durch Gleichsetzen folgt: $\quad a + x_1 = a + x_2$

und daraus durch beiderseitige Addition von $(-a)$ mit Hilfe von A2, A4 und A3:

$$x_1 = x_2 .$$

Somit sind die beiden Lösungen identisch, es kann also – wegen i) – nur genau eine Lösung geben. □

R2 | **Die Gleichung $a \cdot x = b$ ist eindeutig bzgl. x lösbar mit $x = b \cdot \dfrac{1}{a}$**

Beweis: i) $b \cdot \dfrac{1}{a}$ ist eine Lösung der Gleichung (∗) $\quad a \cdot x = b \quad$ *(sofern $a \neq 0$)*.

Setzt man nämlich $b \cdot \dfrac{1}{a}$ für x in die Gleichung (∗) ein, so folgt:

$$a \cdot (b \cdot \tfrac{1}{a}) \underset{M5}{=} a \cdot (\tfrac{1}{a} \cdot b) \underset{M2}{=} (a \cdot \tfrac{1}{a}) \cdot b \underset{M4}{=} 1 \cdot b \underset{M3}{=} b ,$$

die Gleichung $a \cdot x = b$ wird also für unsere Einsetzung wahr, somit ist $b \cdot \dfrac{1}{a}$ tatsächlich eine Lösung von (∗).

ii) Angenommen, es gäbe zwei Lösungen der Gleichung (∗), etwa x_1 und x_2.
Dann müssen die Aussagen: $a \cdot x_1 = b$ sowie $a \cdot x_2 = b$ beide wahr sein.
Durch Gleichsetzen folgt: $\quad a \cdot x_1 = a \cdot x_2$
und daraus durch beiderseitige Multiplikation mit $\dfrac{1}{a}$ und unter Benutzung der Axiome M2, M4 und M3: $\quad x_1 = x_2$.

Somit sind die beiden Lösungen x_1 und x_2 identisch, es kann also – wegen i) – nur genau eine Lösung der Gleichung (∗) geben. □

F2.1 Nicht selten begegnet man folgenden „Lösungsverfahren" für einfache Gleichungen *(Beispiel)*:

(a) $\quad ax = b \quad \not\Leftrightarrow \quad x = b - a$

(b) $\quad 3{,}5x = 6{,}5 \quad \not\Leftrightarrow \quad x = 3$.

R3.1 | $\quad -(-a) = a$

(*„Die Gegenzahl der Gegenzahl einer beliebigen Zahl ist identisch mit der ursprünglichen Zahl"*)

3.2 Elementare Algebra in ℝ

Beweis: Nach Axiom A4 der Addition gilt: $\quad 0 = a + (-a)$.

Ersetzt man a durch $(-a)$, so folgt $\quad 0 = (-a) + (-(-a))$.

Addiert man auf beiden Seiten die Zahl a, so folgt:

$$a + 0 = a + \big((-a) + (-(-a))\big) \ .$$

Daraus folgt mit Hilfe von A2, A3 und A4:

$$a + 0 \underset{A3}{=} \mathbf{a} = a + \big((-a) + (-(-a))\big) \underset{A2}{=} (a + (-a)) + (-(-a)) \underset{A4}{=} 0 + (-(-a))$$
$$\underset{A3}{=} (-(-a)) = \mathbf{-(-a)} \ . \qquad \square$$

R3.2
$$\dfrac{1}{\dfrac{1}{a}} = \mathbf{a} \qquad\qquad (a \neq 0)$$

("Die reziproke Zahl einer zu a reziproken Zahl ist identisch mit der ursprünglichen Zahl a")

Beweis: Nach Axiom M4 der Multiplikation gilt:

$$1 = a \cdot \frac{1}{a} \ .$$

Ersetzt man a durch $\frac{1}{a}$, so folgt

$$1 = \frac{1}{a} \cdot \frac{1}{\frac{1}{a}} \ .$$

Multipliziert man auf beiden Seiten mit der Zahl a ($\neq 0$), so folgt:

$$a \cdot 1 \underset{M3}{=} \mathbf{a} = a \cdot \left(\frac{1}{a} \cdot \frac{1}{\frac{1}{a}}\right) \underset{M2}{=} \left(a \cdot \frac{1}{a}\right) \cdot \frac{1}{\frac{1}{a}} \underset{M4}{=} 1 \cdot \frac{1}{\frac{1}{a}} \underset{M3}{=} \frac{1}{\frac{1}{a}} \ . \qquad \square$$

Die Regeln R3.1/R3.2 können – unter Berücksichtigung von $a \neq 0$ im Fall der Multiplikation – zusammengefasst werden:

R3
Sowohl für die Addition als auch für die Multiplikation im Körper ℝ der reellen Zahlen gilt:
„Die Inverse der zu a inversen Zahl ist identisch mit der Zahl a selbst."

R4.1
$$a \cdot 0 = 0$$

Diese – so selbstverständlich erscheinende – Identität muss mit Hilfe der Axiome bewiesen werden!

Beweis: Nach Axiom A3 gilt für beliebiges $a\,(\in \mathbb{R})$: $\quad a \cdot 0 = a \cdot 0 + 0$.

Nach Axiom A4 gilt für beliebige $a, b\,(\in \mathbb{R})$: $\quad 0 = ab + (-ab)$.

Dabei versteht man unter „$-ab$" die Gegenzahl zu ab, d.h. $-ab := -(ab)$, siehe K4.

Daraus ergibt sich folgende Schlusskette:

$$a \cdot 0 \underset{A3}{=} a \cdot 0 + 0 \underset{A4}{=} a \cdot 0 + (ab + (-ab))$$

$$\underset{A2}{=} (a \cdot 0 + ab) + (-ab) \underset{D}{=} a \cdot (0+b) + (-ab)$$

$$\underset{A3}{=} ab + (-ab) \underset{A4}{=} 0. \qquad \square$$

Bemerkung: Setzt man an die Stelle von a die Bruchzahl $\frac{1}{b}$ $(b \neq 0)$, so lautet Regel R4.1: $\frac{1}{b} \cdot 0 = 0$, d.h. mit Def. 2 gilt:

R4.2
$$\frac{0}{b} = 0 \qquad (b \neq 0)$$

Erste Fehler im Zusammenhang mit Regel 4.1/4.2:

F2.2 (a) $0 \cdot 5 \neq 5$ *(die Null verändert nichts)* allgemein: $0 \cdot x \neq x$

(b) $2a + 0 \cdot a \neq 3a$ *(hier auch Verletzung der Konvention Punkt vor Strich denkbar)*

F2.3 Aufgabe: Man ermittle den Wert des Terms $4a + \frac{7}{a}$, wenn a den Wert „0" annimmt.

Fehler-Strategie: „0" ist „Nichts", also kann man die „0" ersatzlos weglassen.

„Ergebnis": $4a + \frac{7}{a} \neq 4 + 7 = 11$

3.2 Elementare Algebra in ℝ

R5.1 $\quad\boxed{\mathbf{-ab := -(ab) = (-a) \cdot b = a \cdot (-b)}}$

(*„Ein Minuszeichen vor einem Produkt wirkt sich nur auf **einen** der Faktoren aus!"*)

Beweis: Nach Axiom A4 gilt *(unter Berücksichtigung der Konventionen K1-K4)*:

$$ab + (-ab) = 0.$$

Beidseitige Addition von $a \cdot (-b)$ liefert:

$$a \cdot (-b) + (ab + (-ab)) = a \cdot (-b) + 0 \underset{A3}{=} a \cdot (-b).$$

$\underset{A2}{\Longleftrightarrow} \quad (a \cdot (-b) + ab) + (-ab) = a \cdot (-b).$

Mit dem Distributivgesetz D erhält man daraus:

$\underset{D}{\Longleftrightarrow} \quad a \cdot ((-b) + b) + (-ab) = a \cdot (-b).$

Axiom A4 sowie Regel R4.1 in Verbindung mit Axiom A3 liefern daraus:

$$a \cdot 0 + (-ab) = a \cdot (-b) \quad\Longleftrightarrow\quad 0 + (-ab) = a \cdot (-b) \quad\Longleftrightarrow\quad -ab = a \cdot (-b).$$

Vertauschen von a und b liefert (mit K4 sowie dem Kommutativgesetz M5) analog:

$$-ab = (-a) \cdot b, \text{ so dass insgesamt gilt:}$$

$$\mathbf{-ab = (-a) \cdot b = a \cdot (-b)}. \qquad \square$$

Bemerkung: *Aus R5.1 folgt: Ein **Minuszeichen** vor einem **Produkt** ändert bei **genau einem** der Faktoren das Vorzeichen (vgl. dagegen Bemerkung zu R5.4 weiter unten: Ein Minuszeichen vor einer **Summe** ändert bei **jedem** Summanden das Vorzeichen).*

Beispiel:
$-abcd := -(abcd) = (-a) \cdot b \cdot c \cdot d = a \cdot (-b) \cdot c \cdot d = a \cdot b \cdot (-c) \cdot d = a \cdot b \cdot c \cdot (-d).$
aber: $\quad +(a+b+c+d) = -a-b-c-d$

*Ein „+" vor einem **Produkt** kann weggelassen werden:* $+(a \cdot b \cdot c) = +abc = abc.$

R5.2 $\quad\boxed{\mathbf{(-a) \cdot (-b) = a \cdot b}}$

(*„Minus mal Minus ergibt Plus!"*)

Beweis: Nach der soeben bewiesenen Regel R5.1 gilt: $\quad (-a) \cdot b = a \cdot (-b).$

Ersetzt man die Zahl b durch die Zahl $-b$, so folgt daraus:

$(-a) \cdot (-b) = a \cdot (-(-b))$, d.h. wegen R3.1: $-(-b) = b$ gilt: $\mathbf{(-a) \cdot (-b) = a \cdot b}.$ $\quad\square$

R5.3
$$-a = (-1) \cdot a$$

Beweis: Nach Regel R5.1 gilt: $(-a) \cdot b = a \cdot (-b)$. Ersetzt man die Zahl b durch die Zahl 1, so folgt:
$$(-a) \cdot 1 = a \cdot (-1), \text{ d.h. wegen Axiom M3: } (-a) \cdot 1 = -a \text{ gilt}$$
$$-a = a \cdot (-1) \underset{M5}{=} (-1) \cdot a \quad . \qquad \square$$

Beispiele *(Anwendung von R5.1 bis R5.3 auf das Distributivgesetz (Axiom D))*:

$$a(b+c) = ab + ac, \qquad a(-b+c) = -ab + ac,$$
$$(-a)(b+c) = -ab - ac, \qquad (-a)(-b+c) = ab - ac,$$
$$a(b-c) = ab - ac, \qquad a(-b-c) = -ab - ac,$$
$$(-a)(b-c) = -ab + ac, \qquad (-a)(-b-c) = ab + ac \;.$$

Mit Hilfe von R5.1 bis R5.3 sowie des Distributivgesetzes ergeben sich Regeln, wie ein vor einer Summe stehendes negatives Vorzeichen zu behandeln ist, z.B. bei $-(a-b)$:

R5.4
$$-(a+b) = -a-b$$
$$-(-a+b) = a-b$$
$$-(a-b) = -a+b$$
$$-(-a-b) = a+b$$

(*„Ein Minuszeichen vor einer geklammerten Summe ändert bei **jedem** Summanden das Vorzeichen bzw. Rechenzeichen"*)

Beweis:

i) $-(a+b) \underset{R5.3}{=} (-1) \cdot (a+b) \underset{D}{=} (-1) \cdot a + (-1) \cdot b \underset{R5.3}{=} -a + (-b) \underset{Def.1}{=} -a-b \quad \square$

ii) $-(-a+b) \underset{R5.3}{=} (-1) \cdot (-a+b) \underset{D}{=} (-1) \cdot (-a) + (-1) \cdot b \underset{\substack{R5.2\\R5.3}}{=} a + (-b) \underset{Def.1}{=} a-b \quad \square$

iii) $-(a-b) \underset{\substack{R5.3\\Def.1}}{=} (-1) \cdot (a+(-b)) \underset{D}{=} (-1) \cdot a + (-1) \cdot (-b) \underset{\substack{R5.3\\R5.2}}{=} -a + b \quad \square$

iv) $-(-a-b) \underset{\substack{R5.3\\Def.1}}{=} (-1) \cdot (-a+(-b)) \underset{D}{=} (-1) \cdot (-a) + (-1) \cdot (-b) \underset{R5.2}{=} a+b \quad \square$

Beispiel: $u - (v - (w + (x-y))) = u - (v - (w+x-y)) = u - (v-w-x+y) = u-v+w+x-y$
(Klammern von innen nach außen auflösen!)

3.2 Elementare Algebra in ℝ

> *Bemerkung:*   *Eine **Quelle vieler Fehler** ist die Verwechslung von R5.1 und R5.4:*
>
>   R5.1 (Beispiel): $-x \cdot y \cdot z = (-x) \cdot y \cdot z = x \cdot (-y) \cdot z = x \cdot y \cdot (-z)$
>
> *aber:*   R5.4 (Beispiel): $-(x+y+z) = -x-y-z$
>
> *Dagegen kann ein **Pluszeichen** vor einer (geklammerten) **Summe** einschließlich der Klammern fortgelassen werden. Beispiel:* $+(a-b+c+d) = a-b+c+d$.

Durch mehrfache Anwendung des Distributivgesetzes *(Axiom D)* lassen sich auch umfangreiche Summe miteinander multiplizieren:

R5.5
$$a \cdot (x_1 + x_2 + \ldots + x_n) = ax_1 + ax_2 + \ldots + ax_n$$

Beweis: Für *zwei* Summanden gilt unmittelbar das Distributivgesetz (Axiom D):

          (D) $a \cdot (b+c) = ab + ac$.

Wir erläutern das Beweisprinzip für R5.5 am Beispiel mit *vier* Summanden:

$$a \cdot (x_1 + x_2 + x_3 + x_4) \underset{A2}{=} a \cdot (x_1 + (x_2+x_3+x_4)) \underset{D}{=} a \cdot x_1 + a \cdot (x_2+x_3+x_4)$$

$$\underset{A2}{=} a \cdot x_1 + a \cdot (x_2 + (x_3+x_4)) \underset{D}{=} a \cdot x_1 + a \cdot x_2 + a \cdot (x_3+x_4) \underset{D}{=} ax_1 + ax_2 + ax_3 + ax_4. \quad \square$$

Bemerkung: Liest man die Regel R5.5 von rechts nach links, so erkennt man, dass die Summe $ax_1 + ax_2 + \ldots + ax_n$ durch **Ausklammern** des in allen Summanden enthaltenen Faktors a in ein Produkt, nämlich $a \cdot (x_1 + x_2 + \ldots + x_n)$ verwandelt wird (**Faktorisieren**).

Beispiel: $6xy + 2ax - x = x \cdot (6y + 2a - 1)$.

Analog geht man vor, wenn zwei Summen miteinander multipliziert werden sollen, z.B. $a_1+a_2+\ldots+a_m$ und $b_1+b_2+\ldots+b_n$: Das Distributivgesetz muss lediglich entsprechend oft angewendet werden.

Die Summanden der Ergebnis-Summe bestehen aus sämtlichen Produktpaaren $a_i b_k$ mit $i = 1,\ldots,m$ und $k = 1,\ldots,n$.

R5.6
$$(a_1+a_2+\ldots+a_m) \cdot (b_1+b_2+\ldots+b_n) = a_1 \cdot (b_1+b_2+\ldots+b_n) + a_2 \cdot (b_1+b_2+\ldots+b_n)$$
$$+ \ldots + a_m \cdot (b_1+b_2+\ldots+b_n)$$

$$= a_1 b_1 + a_1 b_2 + \ldots + a_1 b_n$$
$$+ a_2 b_1 + a_2 b_2 + \ldots + a_2 b_n$$
$$\vdots \quad \ldots \quad \ldots$$
$$+ a_m b_1 + a_m b_2 + \ldots + a_m b_n \quad = \sum_{i=1}^{m} \sum_{k=1}^{n} a_i \cdot b_k \ .$$

(insgesamt $m \cdot n$ Summanden)

(verallgemeinertes Distributivgesetz)

Beispiel: $(2x+a^2)(y-3b+c^3) = 2xy - 6bx + 2c^3 x + a^2 y - 3a^2 b + a^2 c^3$.

Wendet man das verallgemeinerte Distributivgesetz R5.6 auf gleichartige „Binome" (a+b) bzw. (a−b) an, so resultieren die folgenden, allgemeingültigen Gleichungen, auch **Binomische Formeln** genannt:

R5.7

$$(a+b)^2 = a^2 + 2ab + b^2$$
$$(a-b)^2 = a^2 - 2ab + b^2 \qquad \text{(Binomische Formeln)}$$
$$(a+b)(a-b) = a^2 - b^2$$

Werden mehr als 2 Summen miteinander multipliziert, so geht man schrittweise vor:

$$(a-b)^3 = (a-b)^2 (a-b) = (a^2 - 2ab + b^2)(a-b)$$
$$= a^3 - 2a^2b + b^2a - a^2b + 2ab^2 - b^3$$
$$= a^3 - 3a^2b + 3ab^2 - b^3 \ .$$

Fehler im Zusammenhang mit Produkten/Summen/Vorzeichen:

F2.4 (a) $2x - (y+x) \neq 2x - y + x = 3x - y$ ($\frac{f}{\ell}$) (R5.4 verletzt)

Richtig: $2x - (y+x) = 2x - y - x = x - y$.

(b) $-(2x) \neq (-2)(-x) = 2x$ ($\frac{f}{\ell}$) (R5.1 verletzt)

Richtig: $-(2x) \underset{R5.1}{=\!=} (-2) \cdot x = 2 \cdot (-x) = -2x$.

F2.5 $ab \cdot (a \cdot (-b) \cdot c) \neq a^2 b - ab^2 + abc$ (R5.1, M2 und D verletzt)

Richtig: $ab \cdot (a \cdot (-b) \cdot c) \underset{\substack{R5.1 \\ M2}}{=\!=} -a^2 \cdot b^2 \cdot c$

F2.6 $-(a-b)^2 \neq (-a+b)^2 = (b-a)^2 = b^2 - 2ab + a^2$ ($\frac{f}{\ell}$) (R5.1 verletzt)

Richtig: $-(a-b)^2 \underset{K7}{=\!=} -((a-b)^2) \underset{R5.7}{=\!=} -(a^2 - 2ab + b^2) \underset{R5.4}{=\!=} -a^2 + 2ab - b^2$

oder: $-(a-b)^2 \underset{K4}{=\!=} -(a-b)(a-b) \underset{\substack{R5.1 \\ R5.4}}{=\!=} (-a+b)(a-b) \underset{R5.6}{=\!=} -a^2 + 2ab - b^2$

F2.7 $(a+1)^4 \neq a^4 + 1$ (R5.6 bzw. R5.7 verletzt)

Richtig: $(a+1)^4 \underset{R5.6}{=\!=} a^4 + 4a^3 + 6a^2 + 4a + 1$

Bemerkung: Der Linearisierungs-Fehler

$$(a+b)^x \neq a^x + b^x \quad \text{für beliebige Exponenten}$$

oder noch allgemeiner für Funktionen: $f(x+y) \overset{?}{=\!=} f(x) + f(y)$

gehört zu den besonders verbreiteten Fehlerstrategien.

3.2 Elementare Algebra in ℝ

Es folgen einige wichtige – auch intuitiv einleuchtende – Regeln *(R6.1 bis R6.5)* mit Beweis:

R6.1
$$\frac{1}{1} = 1$$

Beweis: Nach Axiom M4 gibt es zu jeder Zahl a ($\in \mathbb{R}$) mit a $\neq$ 0 genau eine inverse *(reziproke)* Zahl $\frac{1}{a}$, so dass gilt: $\frac{1}{a} \cdot a = 1$.

Setzt man „1" für „a", so ergibt sich:
$$\frac{1}{1} \cdot 1 = 1,$$

d.h. multipliziert man die Zahl „1" mit der Zahl „$\frac{1}{1}$", so erhält man als Resultat wieder die Zahl „1", m.a.W. $\frac{1}{1}$ spielt die Rolle des *(nach Axiom M3 eindeutig existierenden)* Eins-Elements, es muss somit – wegen der Eindeutigkeit dieses Eins-Elements – gelten:
$$\frac{1}{1} = 1 \; . \qquad \square$$

R6.2
$$\frac{a}{1} = a$$

Beweis: Mit Def. 2 sowie der soeben bewiesenen Regel R6.1 gilt:
$$\frac{a}{1} \underset{\text{Def.2}}{=} a \cdot \frac{1}{1} \underset{\text{R6.1}}{=} a \cdot 1 \underset{\text{M3}}{=} a \; . \qquad \square$$

R6.3
$$-\frac{1}{b} = \frac{1}{-b} \qquad (b \neq 0)$$

(*„Das Negative einer reziproken Zahl ist identisch mit der zum Negativen reziproken Zahl."*)

Beweis: Mit Regel R5.2 sowie Axiom M4 gilt:
$$\left(-\frac{1}{b}\right) \cdot (-b) \underset{\text{R5.2}}{=} \frac{1}{b} \cdot b \underset{\text{M4}}{=} 1 \; .$$

Multipliziert man diese Gleichung auf beiden Seiten mit $\frac{1}{-b}$ (b$\neq$0), so folgt:
$$\left(\left(-\frac{1}{b}\right) \cdot (-b)\right) \cdot \frac{1}{-b} = 1 \cdot \frac{1}{-b} \underset{\text{M3}}{=} \frac{1}{-b} \; .$$

Daraus folgt mit Hilfe des Assoziativgesetzes (Axiom M2) sowie M4 und M3:
$$\left(-\frac{1}{b}\right) \cdot \left((-b) \cdot \frac{1}{-b}\right) \underset{\text{M4}}{=} \left(-\frac{1}{b}\right) \cdot 1 \underset{\text{M3}}{=} -\frac{1}{b} = \frac{1}{-b} \; . \qquad \square$$

R6.4
$$\frac{1}{-1} = -1$$

Beweis: Nach der soeben bewiesenen Regel R6.3 gilt: $\frac{1}{-b} = -\frac{1}{b}$ $\quad (b \neq 0)$.

Setzt man „1" anstelle von b, so folgt: $\frac{1}{-1} \underset{R6.3}{=} -\frac{1}{1} \underset{R6.1}{=} -1$. $\quad\square$

R6.5
$$\frac{a}{-1} = -a$$

Beweis: Es gilt folgende Äquivalenz-Kette:

$$\frac{a}{-1} \underset{Def.2}{=} a \cdot \frac{1}{-1} \underset{R6.4}{=} a \cdot (-1) \underset{R5.3}{=} -a \quad . \qquad \square$$

R7.1
$$-\frac{a}{b} = \frac{-a}{b} = \frac{a}{-b} \qquad (b \neq 0)$$

(„*Ein Minuszeichen vor einem Bruch bezieht sich entweder auf den Zähler oder den Nenner*")

Beweis: i) $\quad -\frac{a}{b} \underset{Def.2}{=} -\left(a \cdot \frac{1}{b}\right) \underset{R5.1}{=} (-a) \cdot \frac{1}{b} \underset{Def.2}{=} \frac{-a}{b}$. $\qquad\square$

ii) $\quad -\frac{a}{b} \underset{Def.2}{=} -\left(a \cdot \frac{1}{b}\right) \underset{R5.1}{=} a \cdot \left(-\frac{1}{b}\right) \underset{R6.3}{=} a \cdot \frac{1}{-b} \underset{Def.2}{=} \frac{a}{-b}$. $\qquad\square$

R7.2
$$\frac{-a}{-b} = \frac{a}{b} \qquad (b \neq 0)$$

(„*Minus durch Minus gleich Plus durch Plus*")[13]

Beweis: $\quad \frac{-a}{-b} \underset{Def.2}{=} (-a) \cdot \frac{1}{-b} \underset{R6.3}{=} (-a) \cdot \left(-\frac{1}{b}\right) \underset{R5.2}{=} a \cdot \frac{1}{b} \underset{Def.2}{=} \frac{a}{b}$. $\qquad\square$

Beispiel: $\quad -\frac{a \cdot -(bc)}{(-d) \cdot e} = -\frac{-abc}{-de} = -\frac{abc}{de} = \frac{-abc}{de} = \frac{abc}{-de}$

---

[13] Dabei bezieht sich dieser Satz nur auf vorhandene äußere Vorzeichen, nicht auf den Wert von Zähler und Nenner.

3.2 Elementare Algebra in ℝ

Es folgen die wichtigsten Regeln für das Rechnen mit **Brüchen** (R8 bis R15):

R8
$$\frac{1}{ab} = \frac{1}{a} \cdot \frac{1}{b} \qquad (a, b \neq 0)$$

(*„Die reziproke Zahl eines Produktes ist gleich dem Produkt der reziproken Zahlen"*)

Beweis: Nach Axiom M4 gilt: Zu jeder Zahl x ($\neq 0$) gibt es die Reziproke $\frac{1}{x}$ mit $x \cdot \frac{1}{x} = 1$.

Also gilt mit $a, b \neq 0$:

$$1 \underset{M3}{=} 1 \cdot 1 \underset{M4}{=} (a \cdot \tfrac{1}{a}) \cdot (b \cdot \tfrac{1}{b}) \underset{M2}{=} a \cdot \tfrac{1}{a} \cdot b \cdot \tfrac{1}{b}$$

$$\underset{\substack{M5\\M2}}{\Longleftrightarrow} \quad 1 = (a \cdot b) \cdot \tfrac{1}{a} \cdot \tfrac{1}{b} \;. \quad \text{Multiplikation mit } \tfrac{1}{a \cdot b} \text{ liefert wegen M2, M3:}$$

$$\Longleftrightarrow \quad \tfrac{1}{a \cdot b} \cdot 1 = \tfrac{1}{a \cdot b} \cdot \left((a \cdot b) \cdot \tfrac{1}{a} \cdot \tfrac{1}{b}\right) \quad \underset{\substack{M3\\M2\\M4}}{\Longleftrightarrow} \quad \tfrac{1}{a \cdot b} = \tfrac{1}{a} \cdot \tfrac{1}{b} \;. \quad \square$$

Multiplikation zweier Brüche

R9
$$\frac{a}{b} \cdot \frac{c}{d} = \frac{a \cdot c}{b \cdot d} \qquad (b, d \neq 0)$$

(*„Zwei Brüche werden multipliziert, indem man
Zähler mit Zähler und Nenner mit Nenner multipliziert"*)

Beweis: Nach der zuvor bewiesenen Regel R8 gilt mit Def. 2 sowie M5, M2:

$$\frac{a \cdot c}{b \cdot d} \underset{\text{Def.2}}{=} (a \cdot c) \cdot \tfrac{1}{b \cdot d} \underset{\substack{M2\\R8}}{=} a \cdot c \cdot \tfrac{1}{b} \cdot \tfrac{1}{d} \underset{\substack{M5\\M2}}{=} (a \cdot \tfrac{1}{b}) \cdot (c \cdot \tfrac{1}{d}) \underset{\text{Def.2}}{=} \tfrac{a}{b} \cdot \tfrac{c}{d} \quad \square$$

Bemerkung: Regel R9 für die Bruch-**Multiplikation** ist wegen ihrer Einfachheit kaum fehleranfällig. Das Fatale an der Regel R9 besteht vielmehr darin, dass sie häufig kritiklos auf die **Ad**dition zweier Brüche angewendet wird, im Widerspruch zur korrekten Regel R15.

Multiplikation eines Bruchs mit einer Zahl

R10
$$a \cdot \frac{c}{b} = \frac{a \cdot c}{b} = \frac{a}{b} \cdot c \qquad (b \neq 0)$$

(*„Ein Bruch wird mit einer Zahl multipliziert, indem man den Zähler mit dieser Zahl multipliziert"*)

Beweis: $a \cdot \tfrac{c}{b} \underset{\text{Def.2}}{=} a \cdot (c \cdot \tfrac{1}{b}) \underset{M2}{=} (a \cdot c) \cdot \tfrac{1}{b} \underset{\text{Def.2}}{=} \tfrac{a \cdot c}{b} \underset{\substack{M5\\\text{Def.2}}}{=} \tfrac{1}{b}(a \cdot c) \underset{M2}{=} (\tfrac{1}{b} \cdot a) \cdot c \underset{\text{Def.2}}{=} \tfrac{a}{b} \cdot c \quad \square$

Kürzen/Erweitern von Brüchen

R11
$$\boxed{\frac{a\cdot c}{b\cdot c}} = \frac{a}{b} = \boxed{\frac{a\cdot x}{b\cdot x}} \qquad (b,c,x \neq 0)$$
$\quad\quad\quad$ „kürzen" $\quad\quad\quad\quad$ „erweitern"
$\quad\quad\quad$ durch $\quad\quad\quad\quad\quad$ mit
$\quad\quad\quad$ $c\,(\neq 0)$ $\quad\quad\quad\quad\quad$ $x\,(\neq 0)$

(*„Der Wert eines Bruches bleibt unverändert, wenn **sowohl** der Zähler **als auch** der Nenner durch dieselbe Zahl c ($\neq 0$) **dividiert** oder mit derselben Zahl x ($\neq 0$) **multipliziert** wird."*)

Beweis: Außer den Axiomen benötigen wir zum Beweis Regel R9. Mit $b, c \neq 0$ gilt:

$$\frac{a\cdot c}{b\cdot c} \underset{R9}{=} \frac{a}{b}\cdot\frac{c}{c} \underset{\text{Def.2}}{=} \frac{a}{b}\cdot\left(c\cdot\frac{1}{c}\right) \underset{M4}{=} \frac{a}{b}\cdot 1 \underset{M3}{=} \frac{a}{b}. \qquad \square$$

Beispiele: $\dfrac{39a^2bc^2}{52ab^2c} = \dfrac{3ac}{4b}$; $\dfrac{xy^2-y^2}{x^2y-xy} = \dfrac{y^2(x-1)}{xy(x-1)} = \dfrac{y}{x}$; $\dfrac{w^2-49}{2w+14} = \dfrac{(w-7)(w+7)}{2(w+7)} = \dfrac{w-7}{2}$.

(*dabei wird vorausgesetzt, dass sämtliche Nenner von Null verschieden sind!*)

Bemerkung: *Beim Kürzen sollte man möglichst **nicht** die Idee des „Weg-Streichens" der gekürzten Terme, sondern das resultierende Divisionsergebnis (meist „1" in Zähler und Nenner) im Kopf behalten, siehe die Fehlerbeispiele weiter unten, insbesondere F2.12).*

Die Erweiterung von Brüchen ist fast immer dann notwendig, wenn zwei Brüche addiert werden sollen, siehe die nachfolgenden Regeln R15 und R16.

Beim Lösen von Bruch-Gleichungen ist meist ebenfalls eine Erweiterung – und zwar mit Termen – notwendig. Hier ist darauf zu achten, dass nur mit solchen Termen erweitert wird, die nicht Null werden können/dürfen. Wird dies nicht beachtet, können „Lösungen" errechnet werden, die die Ausgangsgleichung nicht erfüllen! (siehe Kap. 3.3)

F2.8 Ähnlich wie im Fall der Regel R9 entstehen häufig Fehler beim Kürzen/Erweitern dadurch, dass das Multiplikations-/Divisions-Konzept kritiklos auch für den Fall der Addition/Subtraktion gleicher Zahlen im Zähler wie im Nenner übertragen wird (beliebter Schüler-Spruch: „Aus Differenzen und Summen kürzen nur die ...") [14]

Daher: $\quad \dfrac{a\cdot c}{b\cdot c} = \dfrac{a\cdot 1}{b\cdot 1} = \dfrac{a}{b} \quad$ (korrektes Kürzen; $b,c \neq 0$)

aber: $\quad \dfrac{a+c}{b+c} \neq \dfrac{a}{b}$

und ebenso unsinnig: $\quad \dfrac{a+c}{b+c} \neq \dfrac{a+\cancel{c}^{\,1}}{b+\cancel{c}_{\,1}} = \dfrac{a+1}{b+1}$; (da i.a. gilt: $c \neq 1$).

---

[14] Dieser Merksatz trifft insofern nicht den Kern der Dinge, als derartige Fehler durchaus nicht immer aus „Dummheit" geschehen, sondern häufig einer „wohlüberlegten" – wenn auch falschen – Transfer-Strategie entspringen.

Fehler im Zusammenhang mit dem Kürzen/Erweitern von Brüchen:

F2.9 (a) $\dfrac{ax+by}{x+y} \neq a+b$

Richtig: Der Bruch $\dfrac{ax+by}{x+y}$ lässt sich algebraisch nicht weiter vereinfachen.

Zahlenbeispiel: Setze etwa $x = y = 1 \Rightarrow$ LS $= \dfrac{a+b}{2}$, RS $= a+b$ ($\lightning$).

(b) $\dfrac{5x-7y}{5a-7b} \neq \dfrac{x-y}{a-b}$

Richtig: Der Bruch $\dfrac{5x-7y}{5a-7b}$ lässt sich algebraisch nicht weiter vereinfachen.

Zahlenbeispiel: Setze etwa $x = 2, y = 1, a = 2, b = 1$

$\Rightarrow$ LS $= \dfrac{10-7}{10-7} = 1$; RS $= \dfrac{2-1}{2-1} = 1$ *(sollte es etwa doch stimmen?)*

Setze jetzt: $x = 2, y = 1, a = 3, b = 2$

$\Rightarrow$ LS $= \dfrac{10-7}{15-14} = 3$; RS $= \dfrac{2-1}{3-2} = 1$ ($\lightning$)

F2.10 $\dfrac{x^2+y^2}{x+y} \neq x+y$ *(Richtig: Term ist in $\mathbb{R}$ nicht weiter zu vereinfachen!)*

Wenn dies richtig wäre, müsste nach beiderseitiger Multiplikation mit „x+y" folgen:

$x^2 + y^2 \neq (x+y)(x+y) = (x+y)^2 \underset{R5.7}{=} x^2 + 2xy + y^2$ ($\lightning$ siehe R5.7)

Zahlenbeispiel: Setze z.B. $x = y = 1 \Rightarrow x^2 + y^2 = 1 + 1 = 2$.

aber: $(x+y)^2 = (1+1)^2 = 2^2 = 4$.

F2.11 Dieses *(zu F2.10 analoge)* Fehlerbeispiel genießt geradezu magische Anziehungskraft:

$\dfrac{9x^2 - 16y^2}{3x - 4y} \neq 3x - 4y$ $\quad$ (Richtig: $\dfrac{9x^2-16y^2}{3x-4y} \underset{R5.7}{=} \dfrac{(3x-4y)(3x+4y)}{3x-4y} \underset{R11}{=} 3x+4y$) $\quad\downarrow$ (!!)

Bemerkung: Falls im Zähler des Ausgangsterms „+" statt „−" steht, lässt sich dieser Term in $\mathbb{R}$ nicht weiter reduzieren!

F2.12 Fast ebenso häufig wird die Kürzungsregel schematisch in der Weise durchgeführt, dass die zu kürzenden multiplikativen Zahlen/Terme einfach weggestrichen werden. Dies führt dann nicht selten auf unsinnige Ausdrücke wie

$\dfrac{a}{5a} = \dfrac{\cancel{a}}{5\cancel{a}} = $??? $\qquad (a \neq 0)$

Daher ist es sinnvoll, sich beim Kürzen an das Divisions-Konzept zu halten mit dem Ergebnis, dass an die Stelle der gekürzten Zahlen/Terme das korrekte Divisionsergebnis (meist „1") in Zähler und Nenner des Bruches geschrieben wird. Unser letztes Beispiel erhält dann die folgende (sinnvolle) Form:

$\dfrac{a}{5a} = \dfrac{\cancel{a}^1}{5\cancel{a}_1} = \dfrac{1}{5 \cdot 1} = \dfrac{1}{5} \qquad (a \neq 0)$.

Division zweier Brüche

R12
$$\frac{\frac{a}{b}}{\frac{c}{d}} = \frac{a}{b} \cdot \frac{d}{c} \qquad (b,c,d \neq 0)$$

(*„Der Bruch a/b wird durch einen zweiten Bruch c/d dividiert, indem der erste Bruch (Zählerbruch) mit dem **Kehrwert** des zweiten Bruches (Nennerbruch) **multipliziert** wird."*)

Beweis: Mit Hilfe von Definition 2, den Regeln R8, R3.2 sowie Axiom M5 erhalten wir:

$$\frac{\frac{a}{b}}{\frac{c}{d}} \underset{\text{Def.2}}{=} \frac{a}{b} \cdot \frac{1}{\frac{c}{d}} \underset{\text{Def.2}}{=} \frac{a}{b} \cdot \frac{1}{c \cdot \frac{1}{d}} \underset{R8}{=} \frac{a}{b} \cdot \left(\frac{1}{c} \cdot \frac{1}{\frac{1}{d}}\right) \underset{R3.2}{=} \frac{a}{b} \cdot \left(\frac{1}{c} \cdot d\right)$$

$$\underset{M5}{=} \frac{a}{b} \cdot \left(d \cdot \frac{1}{c}\right) \underset{\text{Def.2}}{=} \frac{a}{b} \cdot \frac{d}{c} \quad ; \qquad (b,c,d \neq 0) . \qquad \square$$

Bemerkung: Im Doppelbruch $\dfrac{\frac{a}{b}}{\frac{c}{d}}$ deutet die Länge der Bruchstriche an, in welcher Weise die vorkommenden Brüche berechnet werden sollen, ohne dass eine Klammersetzung notwendig ist. Wären nämlich die vorkommenden Bruchstriche gleich lang, so muss eine (häufig unübersichtliche) Klammerung die Hierarchie der Berechnung verdeutlichen:

$$\frac{\frac{a}{b}}{\frac{c}{d}} \text{ könnte demnach bedeuten: } \frac{\left(\frac{a}{b}\right)}{\left(\frac{c}{d}\right)}, \ \frac{a}{\left(\frac{b}{\left(\frac{c}{d}\right)}\right)} = \frac{\left(\frac{a}{b}\right)}{\left(\frac{c}{d}\right)}, \ \frac{\left(\frac{a}{\left(\frac{b}{c}\right)}\right)}{d} \text{ oder } \frac{\left(\frac{\left(\frac{a}{b}\right)}{c}\right)}{d}.$$

Setzt man etwa für $(a;b;c;d)$ die Zahlen $(24;2;3;4)$ ein, so ergeben sich nacheinander die folgenden Werte des Doppelbruchs: $16;9;9;144;1$. Es empfiehlt sich daher, einen Doppelbruch stets durch unterschiedliche Längen seiner Bruchstriche zu definieren.

Division eines Bruches durch eine Zahl

R13
$$\frac{\frac{a}{b}}{c} = \frac{a}{b \cdot c} \qquad (b,c \neq 0)$$

(*„Ein Bruch a/b wird durch eine Zahl c ($\neq 0$) **dividiert**, indem c in den **Nenner** des Bruches multipliziert wird."*)

Beweis: $\dfrac{\frac{a}{b}}{c} \underset{\text{Def.2}}{=} \dfrac{a}{b} \cdot \dfrac{1}{c} \underset{R9}{=} \dfrac{a \cdot 1}{b \cdot c} \underset{M3}{=} \dfrac{a}{b \cdot c} \ ; \ b,c \neq 0 . \qquad \square$

Bemerkung: Wird dagegen der Bruch a/b mit der Zahl c **multipliziert**, so wird c in den **Zähler** des Bruches multipliziert (Regel R10): $\qquad \dfrac{a}{b} \cdot c = \dfrac{a \cdot c}{b}$.

Division einer Zahl durch einen Bruch

R14
$$\frac{a}{\frac{b}{c}} = \frac{a \cdot c}{b} \qquad (b,c \neq 0)$$

(„Eine Zahl a wird durch einen Bruch b/c (mit $b,c \neq 0$) dividiert, indem a mit dem Kehrwert c/b des Bruches b/c multipliziert wird.")

Beweis: $\quad \dfrac{a}{\frac{b}{c}} \underset{R6.2}{=} \dfrac{\frac{a}{1}}{\frac{b}{c}} \underset{R12}{=} \dfrac{a}{1} \cdot \dfrac{c}{b} \underset{\substack{R9 \\ M3}}{=} \dfrac{a \cdot c}{b}$, $\qquad (b,c \neq 0)$. $\qquad \square$

Während bei der Multiplikation und Division von Brüchen relativ wenige Fehler passieren, gehört die algebraische Addition/Subtraktion von Brüchen zu den eher fehleranfälligen Operationen:

Addition/Subtraktion von gleichnamigen Brüchen

R15
$$\frac{a}{c} \pm \frac{b}{c} = \frac{a \pm b}{c} \qquad (c \neq 0)$$

(„Zwei Brüche mit **gleichem Nenner** („gleichnamige" Brüche) werden addiert/subtrahiert, indem die Zähler addiert/subtrahiert werden und der Nenner beibehalten wird.")

Beweis: Regel R15 ist identisch mit Axiom D *(Distributivgesetz)*: $(a+b)c = ac+bc$ mit $\frac{1}{c}$ statt c:

$$\frac{a}{c} \pm \frac{b}{c} \underset{Def.2}{=} a \cdot \frac{1}{c} \pm b \cdot \frac{1}{c} \underset{D}{=} (a \pm b) \cdot \frac{1}{c} \underset{Def.2}{=} \frac{a \pm b}{c} \qquad \square$$

Addition/Subtraktion beliebiger Brüche

R16
$$\frac{a}{b} \pm \frac{c}{d} = \frac{ad \pm bc}{bd} \qquad (b, d \neq 0)$$

(„Zwei beliebige Brüche werden wie folgt addiert/subtrahiert:

Die Brüche werden zunächst „gleichnamig" gemacht, d.h. so erweitert, dass ihre Nenner übereinstimmen. Dann erfolgt die Addition/Subtraktion nach R15.")

Beweis: $\quad \dfrac{a}{b} \pm \dfrac{c}{d} \underset{M3}{=} \dfrac{a}{b} \cdot 1 \pm 1 \cdot \dfrac{c}{d} \underset{\substack{M4 \\ Def.2}}{=} \dfrac{a}{b} \cdot \dfrac{d}{d} \pm \dfrac{b}{b} \cdot \dfrac{c}{d} \underset{R9}{=} \dfrac{a \cdot d}{b \cdot d} \pm \dfrac{b \cdot c}{b \cdot d} \underset{R15}{=} \dfrac{ad \pm bc}{bd} \qquad \square$

Beispiele: zu R15: $\quad$ (1) $\quad \dfrac{3}{7} + \dfrac{2}{7} = \dfrac{3+2}{7} = \dfrac{5}{7}$

(2) $\quad \dfrac{5x+7y}{35} = \dfrac{5x}{35} + \dfrac{7y}{35} = \dfrac{x}{7} + \dfrac{y}{5} \qquad$ *(R15 von rechts nach links)*

(3) $\quad \dfrac{6x^2 - 28x}{2x^2} = \dfrac{6x^2}{2x^2} - \dfrac{28x}{2x^2} = 3 - \dfrac{14}{x} \qquad$ *(R15 von rechts nach links)*

Beispiele: zu R16: (1) $\quad \dfrac{3}{7} + \dfrac{1}{9} = \dfrac{3}{7} \cdot \dfrac{9}{9} + \dfrac{1}{9} \cdot \dfrac{7}{7} = \dfrac{27}{63} + \dfrac{7}{63} = \dfrac{34}{63}$

(2) $\quad \dfrac{1}{x} - \dfrac{1-y}{y} = \dfrac{y}{xy} - \dfrac{(1-y)x}{xy} = \dfrac{y - x(1-y)}{xy} = \dfrac{y - x + xy}{xy}$

(3) $\quad \dfrac{5x}{2x^2+1} + \dfrac{x+1}{6x-1} = \dfrac{5x}{2x^2+1} \cdot \dfrac{6x-1}{6x-1} + \dfrac{x+1}{6x-1} \cdot \dfrac{2x^2+1}{2x^2+1} =$

$= \dfrac{5x \cdot (6x-1) + (x+1)(2x^2+1)}{(2x^2+1)(6x-1)} = \dfrac{2x^3 + 32x^2 - 4x + 1}{(2x^2+1)(6x-1)}$.

Fehler im Zusammenhang mit der Addition/Subtraktion von Brüchen

F2.13 Der „beliebteste" Fehler beim Addieren/Subtrahieren von Brüchen besteht darin, sowohl Zähler als auch Nenner separat zu addieren/subtrahieren:

(a) $\quad \dfrac{3}{7} + \dfrac{2}{7} \neq \dfrac{3+2}{7+7} = \dfrac{5}{14} \quad$ (korrekt: $\dfrac{5}{7}$)

(b) $\quad \dfrac{5x}{2x^2+1} + \dfrac{x+1}{6x-1} \neq \dfrac{5x + x + 1}{2x^2+1 + 6x-1} = \dfrac{6x+1}{2x^2 + 6x}$

(korrekt: $\dfrac{2x^3 + 32x^2 - 4x + 1}{(2x^2+1)(6x-1)}$, siehe Beispiel (3) zu R16)

(c) Gelegentlich kann dieser Fehler sogar zu einem korrekten Endergebnis führen:

$\quad \underbrace{\dfrac{2}{3} + \dfrac{-8}{6}}_{= \frac{2}{3} - \frac{4}{3} = -\frac{2}{3}} \neq \dfrac{2-8}{3+6} = \dfrac{-6}{9} = \dfrac{-2}{3} \quad$ (stimmt ... ! – wieso eigentlich?)

F2.14 Statt korrekt zu addieren, operiert man bisweilen mit abenteuerlichen Kehrwertbildungen:

(a) $\quad \dfrac{x}{\frac{1}{x} + \frac{1}{y}} \neq x \cdot (x+y) \quad$ (korrekt: $\dfrac{x}{\frac{1}{x} + \frac{1}{y}} \underset{R16}{=\!=} \dfrac{x}{\frac{x+y}{xy}} \underset{R14}{=\!=} \dfrac{x^2 y}{x+y}$)

(b) analog: $\quad \dfrac{p}{\frac{1}{z} + a} \neq p \cdot (z + \frac{1}{a}) \quad$ (korrekt: $\dfrac{pz}{1+az}$)

F2.15 Selbst, wenn bereits gleiche Nenner vorliegen *(R15!)*, kommen noch Fehler vor:

$\quad \dfrac{a}{x} + \dfrac{2c}{x} \neq \dfrac{2ac}{x^2} \quad$ oder auch: $\quad \dfrac{a}{x} + \dfrac{2c}{x} \neq \dfrac{a+2c}{2x}$

(korrekt: $\dfrac{a}{x} + \dfrac{2c}{x} \underset{R15}{=\!=} \dfrac{a+2c}{x}$)

| **R17.1** | Für alle a, b ($\in \mathbb{R}$) gilt: $a \cdot b = 0 \quad \Longleftrightarrow \quad a = 0 \vee b = 0$ |

*("Das **Produkt** zweier Zahlen (oder Terme) ist genau dann **Null**, wenn **einer** der beiden Faktoren (oder beide Faktoren) verschwinden.")*

Beweis: „$\Longleftarrow$" :   Wenn die rechte Aussage „$a = 0 \vee b = 0$" wahr ist, so ist wenigstens eine ihrer Teilaussagen wahr, also muss *(wegen R4.1)* auch die Aussage $a \cdot b = 0$ wahr sein.

„$\Longrightarrow$" :   Angenommen, die Aussage $a \cdot b = 0$ sei wahr. Dann sind zwei Fälle möglich:

Fall 1: $b = 0$ sei wahr, dann ist auch „$a = 0 \vee b = 0$" wahr.

Fall 2: $b \neq 0$ sei wahr. Dann existiert nach Axiom M4 die zu b reziproke Zahl $\frac{1}{b}$ mit $b \cdot \frac{1}{b} = 1$.

Multipliziert man nun die – nach Voraussetzung wahre – Aussage „$a \cdot b = 0$" mit $\frac{1}{b}$, so folgt (wegen R4.1):

$$(a \cdot b) \cdot \frac{1}{b} \;=\; 0 \cdot \frac{1}{b} \underset{R4.1}{=} 0 \,.$$

Mit M2 sowie M4, M3 folgt daraus:

$$a \cdot (b \cdot \frac{1}{b}) \underset{M4}{=} a \cdot 1 \underset{M3}{=} \mathbf{a = 0}, \text{ also auch } a = 0 \vee b = 0. \quad \Box$$

Bemerkung: R17.1 gestattet die Lösung von Gleichungen, die in der Form $a \cdot b \cdot \ldots \cdot z = 0$ vorliegen. So hat etwa die Gleichung $2x \cdot (5x + 3) \cdot (7-x) = 0$ die Lösungsmenge L:
$L = \{\, 0;\, -0{,}6;\, 7 \,\}$, wie man durch Nullsetzen der 3 Faktoren unmittelbar erkennt.

Beispiel *(Prinzip der Lösung quadratischer Gleichungen)* : $x^2 - 6x - 40 = 0$ ist zu lösen.

$\underset{A3,A4}{\Longleftrightarrow}$ $x^2 - 6x + \overbrace{3^2 - 3^2}^{=\,0} - 40 = 0$ *(quadratische Ergänzung!)*

$\underset{R5.7}{\Longleftrightarrow}$ $(x-3)^2 - 49 = 0$

$\underset{R5.7}{\Longleftrightarrow}$ $\big((x-3) - 7\big)\big((x-3) + 7\big) = 0$

$\underset{R17.1}{\Longleftrightarrow}$ $x - 3 - 7 = 0 \;\vee\; x - 3 + 7 = 0$

$\Longleftrightarrow$ $x = 10 \vee x = -4$, d.h. Lösungsmenge: $L = \{-4\,;\, 10\,\}$.

> Nach diesem Muster ergibt sich die allgemeine Lösungsformel für quadratische Gleichungen des Typs:
> $$x^2 + px + q = 0 \quad \text{zu:}$$
> $$x = -\frac{p}{2} \pm \sqrt{\left(\frac{p}{2}\right)^2 - q}$$

F2.16   Die Zahl „1" übt *(nach den Axiomen A3/M3 durchaus zu Recht)* gelegentlich eine ähnlich magische Wirkung aus wie die Zahl „0", kaum anders lässt sich folgender Fehler erklären:

Fehlerprinzip: $a \cdot b = 1 \;\not\Longleftrightarrow\; a = 1 \vee b = 1$ *(Gegenbeispiel: auch etwa $2 \cdot 0{,}5 = 1$)*

Beispiel: $(x-1)(x+2) = 1 \;\not\Longleftrightarrow\; x - 1 = 1 \vee x + 2 = 1 \;\Longleftrightarrow\; x = 2 \vee x = -1 \;(\lightning)$

F2.17   Nicht im strengen Sinne falsch, aber extrem „ungeschickt" ist die folgende Umformung:

Zu lösen sei: $2x \cdot (x-4)(x+5)(x-6) = 0$. Nach R17.1 folgt sofort: $L = \{0\,;\,4\,;\,-5\,;\,6\}$.

Nicht selten aber wird schematisch ausmultipliziert: $2x^4 - 10x^3 - 52x^2 + 240x = 0$.

Aus dieser Gleichung aber lassen sich die Lösungen kaum noch (re)konstruieren.

R17.2 Für alle $a, b\,(\in \mathbb{R})$ mit $b \neq 0$ gilt: $\quad \dfrac{a}{b} = 0 \quad \Longleftrightarrow \quad a = 0$

(„*Ein **Bruch** ist genau dann **Null**, wenn der **Zähler Null** und der Nenner ungleich Null ist.*")

Beweis: „$\Longleftarrow$" : Es sei $a = 0$. Dann folgt nach Def. 2 sowie R4.1: $\dfrac{a}{b} = a \cdot \dfrac{1}{b} = 0 \cdot \dfrac{1}{b} = 0$.

„$\Longrightarrow$" : Es sei $\dfrac{a}{b} = 0$ *(sowie nach Voraussetzung $b \neq 0$).*

Dann folgt nach Def. 2: $\quad a \cdot \dfrac{1}{b} = 0$. Multiplikation mit $b\,(\neq 0)$ liefert:

$$(a \cdot \tfrac{1}{b}) \cdot b \underset{M2}{=} a \cdot (\tfrac{1}{b} \cdot b) \underset{M4}{=} a \cdot 1 \underset{M3}{=} a = 0 \cdot b \underset{R4.1}{=} 0. \qquad \Box$$

Beispiel: $\dfrac{x-1}{x-2} = 0 \iff x - 1 = 0 \land x - 2 \neq 0 \iff x = 1 \land x \neq 2 \implies L = \{1\}$.

Beispiel: $\dfrac{x^2}{x} = 0 \iff x^2 = 0 \land x \neq 0 \implies L = \{\ \} \ (\textit{unerfüllbare Aussage})$.

Vermischte Fehlerbeispiele aus der elementaren Algebra der Brüche:

F2.18 (a) $\dfrac{4x - 8y}{x - y} \neq 4 - 8 = -4 \quad$ *(keine Vereinfachung möglich, allenfalls 4 ausklammern)*

(b) $\dfrac{x}{a+b} + \dfrac{2y}{a-b} \neq \dfrac{x + 2y}{2a} \quad$ *(korrekt:* $\dfrac{x}{a+b} + \dfrac{2y}{a-b} \underset{R16}{=} \dfrac{x(a-b) + 2y(a+b)}{a^2 - b^2}$ *)*

(c) $(ax \cdot bx \cdot cx) : x \neq abc \quad$ *(falsch gekürzt, korrekt:* $(a \cdot b \cdot c \cdot x^3) : x \underset{R11}{=} a \cdot b \cdot c \cdot x^2$ *)*

(d) $\dfrac{4a + 3b}{a - b} \neq \dfrac{4a}{a} - \dfrac{3b}{b} = 4 - 3 \quad$ *(R16 verletzt – keine Vereinfachung möglich)*

(e) $\dfrac{3x - 2y}{2y - 3x} \neq \dfrac{-3x + 2y}{2y - 3x} = 1 \quad$ *(korrekt:* $\dfrac{3x - 2y}{2y - 3x} \underset{\substack{R7.1\\R5.4}}{=} \dfrac{-(-3x + 2y)}{2y - 3x} = -1$ *)*

(f) $\dfrac{a}{b} + 1 \neq \dfrac{a + 1}{b} \quad$ *(falsche Bruchaddition, korrekt:* $\dfrac{a}{b} + 1 \underset{R16}{=} \dfrac{a + b}{b}$ *)*

(g) $-\dfrac{2x - 4y}{2} \neq -\dfrac{2x}{2} - \dfrac{4y}{2} = -x - 2y \quad$ *(korrekt:* $-\dfrac{2x - 4y}{2} \underset{\substack{R7.1\\R5.4}}{=} -\dfrac{2x}{2} + \dfrac{4y}{2} = -x + 2y$ *)*

(h) $\dfrac{1}{a + b} \neq \dfrac{1}{a} + \dfrac{1}{b} \quad$ *(falsche Kehrwertbildung bzw. Bruchaddition,* $\dfrac{1}{a} + \dfrac{1}{b} \underset{R16}{=} \dfrac{a + b}{ab}$ *)*

(i) $k \cdot (u : v) \neq \dfrac{k \cdot u}{k \cdot v} \quad$ *(falsche Bruchmultiplikation, korrekt:* $k \cdot (u : v) \underset{R10}{=} \dfrac{k \cdot u}{v}$ *)*

(j) $-\dfrac{-a - b}{-a + b} \neq \dfrac{a + b}{a - b} \quad$ *(Vorzeichenfehler, korrekt:* $-\dfrac{-a - b}{-a + b} \underset{R7.1}{=} \dfrac{a + b}{-a + b} \underset{R7.1}{=} \dfrac{-a - b}{a - b}$ *)*

(k) $\dfrac{12z}{3z + 4x} \neq \dfrac{12z}{3z} + \dfrac{12z}{4x} = 4 + 3 \cdot \dfrac{z}{x} \quad$ *(R16 verletzt,* $\dfrac{12z}{3z+4x}$ *lässt sich nicht vereinfachen)*

(l) $\dfrac{a}{b} - \dfrac{a + b}{a} \neq \dfrac{a^2 - ab + b^2}{ab} \quad$ *(korrekt:* $\dfrac{a}{b} - \dfrac{a + b}{a} \underset{\substack{R7.1\\R5.4}}{=} \dfrac{a^2 - ab - b^2}{ab}$ *)*

Was war die Ursache des Urknalls?
Antwort: Gott hat durch Null dividiert.

Zwei Dinge sind unendlich:
das All und die menschliche Dummheit.
Beim All bin ich mir noch nicht ganz sicher.

Albert Einstein

3.3   Bemerkungen zur Zahl NULL

Es fällt auf, dass der Zahl NULL *(= neutrales Element bzgl. Addition, siehe Axiom A3)* im Axiomensystem *(Kap. 3.1)* insofern eine besondere Rolle zufällt, als im Axiom M4 *(Existenz eines inversen (reziproken) Elements bzgl. Multiplikation zu einer Zahl $a \neq 0$)* ausdrücklich die Zahl „0" ausgenommen wird. Es soll somit einzig zur Zahl „0" *kein* inverses, reziprokes Element geben, anders gesagt:

Die Division durch Null *(denn darum handelt es sich bei der Multiplikation mit dem reziproken Wert zu 0)* soll nach Axiom M4 nicht erlaubt *(und demzufolge „verboten")* sein.

Wir werden im Folgenden an einigen Beispielen sehen, was passiert, wenn wir der Zahl 0 trotzdem ein reziprokes Element bzgl. Multiplikation zuordnen.

Beispiel 1:   Angenommen, es gäbe in $\mathbb{R}$ ein bzgl. der Multiplikation inverses Element zu 0, wir wollen es 0^* (oder $1/0$) nennen. Dann muss nach Axiom M4 gelten:

$$0 \cdot 0^* = 1 \quad\quad \text{bzw.} \quad\quad 0 \cdot \frac{1}{0} = 1 \; .$$

Nun gilt aber nach der oben bewiesenen Regel R4.1 für alle (!) reellen Zahlen a:

$$0 \cdot a = 0 \, ,$$

d.h. **jedes** Produkt zweier Faktoren ist Null, wenn ein Faktor gleich Null ist! Somit müsste $0 \cdot 0^*$ einerseits gleich Eins, andererseits gleich Null sein: Widerspruch ⚡.

Also muss die Annahme – nämlich die Existenz von $0^* \in \mathbb{R}$ – falsch sein.

Beispiel 2:   Angenommen, wir definieren die „Zahl" $\frac{1}{0}$ (willkürlich) in folgender Weise:

$$\frac{1}{0} := 1 \; .$$

Wir multiplizieren beide Seiten mit 0 und erhalten mit Axiom M4: $0 \cdot \frac{1}{0} = 1$ das Ergebnis:

$$\mathbf{1} = 0 \cdot 1 = \mathbf{0} \quad \text{(wegen R4.1),}$$

also erneut einen Widerspruch. Wie auch immer $\frac{1}{0}$ definiert wird, stets widersprechen sich M4 und R4.1.

Ebensogut hätte man auch wie folgt argumentieren können: Nach R2 ist $x := \frac{b}{a}$ eindeutige Lösung der Gleichung $ax = b$, d.h. man erhält den Zähler b, indem man x mit a multipliziert („Probe" bei einer Division, z.B. $24 : 8 = 3 \iff 3 \cdot 8 = 24$).

Wendet man nun diese „Probe" bei der Gleichung $\frac{1}{0} = a \; (\in \mathbb{R})$ an, so erhält man – egal wie man $\frac{1}{0}$ definiert: $1 = a \cdot 0 = 0$, also erneut einen Widerspruch.

Beispiel 3: Die Argumentation im letzten Beispiel könnte dazu verführen, zumindest für den „Term" $\frac{0}{0}$ einen Definitionsversuch zu wagen:

a) Wir definieren: $\frac{0}{0} = 0$, immerhin stimmt jetzt die „Probe": $0 = 0 \cdot 0$.

Da aber $\frac{0}{0}$ nach Def. 2 bedeutet: $0 \cdot \frac{1}{0}$ und dies nach Axiom M4 gleich Eins ist, erhalten wir erneut den Widerspruch $1 = 0$.

b) Also probieren wir es mit $\frac{0}{0} = 1$ *(Axiom M4 ist also erfüllt)*. Jetzt ergibt sich der Widerspruch nach Def. 2 durch $\frac{0}{0} := 0 \cdot \frac{1}{0} \underset{R4.1}{=} 0$, d.h. $1 \neq 0$.

Analog können wir argumentieren für jede andere Festsetzung von $\frac{0}{0}$.

Bemerkung: *Auch im umgangssprachlichen Bereich führt die Division durch Null sofort zu erheblichen Ungereimtheiten. Betrachten wir z.B. den Divisions-Prozess als Enthalten-Sein-Prozess (Beispiel): Angenommen, ich will wissen, wie oft die Zahl 8 in der Zahl 24 enthalten ist, m.a.W. ich dividiere 24 durch 8 (24:8=3). Dann kann ich genau so gut fragen: Wie oft kann man die Zahl 8 von 24 subtrahieren, bis die 24 „aufgebraucht" ist. Das Ergebnis ist dasselbe wie vorher: Man kann die 8 genau 3mal von der 24 subtrahieren, um Null zu erhalten, $24 - 3 \cdot 8 = 0$ oder $24 : 8 = 3$. Will man jetzt die 24 durch 0 dividieren, so ist in analoger Weise danach zu fragen, wie oft man die Zahl 0 von der Zahl 24 abziehen kann, bis die 24 „aufgebraucht" ist – ein offenbar sinnloses Unterfangen.*

Dass insbesondere der Ausdruck $\frac{0}{0}$ sinnlos ist, sieht man gut an folgendem Alltags-Beispiel:

Wenn etwa 10 Flaschen Wein der Sorte XXX 200,- € kosten, so errechnet sich der Preis pro Flasche zu 200,- €/10 Flaschen, d.h. 20,- €/Flasche. Wenn uns jetzt jemand über eine andere Weinsorte YYY sagt, 0 Flaschen davon kosten 0,- €, so wissen wir offenbar nichts über den (Flaschen-) Preis dieser Sorte: $\frac{0}{0}$ besitzt keinen definierten Sinn.

Man sieht, dass in der Tat jeder Versuch, die Division durch Null zu erklären *(oder: zur Zahl Null ein reziprokes Element zu finden)* sofort zu unüberwindlichen Widersprüchen innerhalb des Axiomensystems führt. So verwundert es auch nicht, dass gerade durch die Verletzung des Gebotes, niemals durch Null zu dividieren, besonders viele Fehler und Ungereimtheiten auftreten können.

F3.1 Beispiele für **Fehler, wenn durch Null dividiert wird:**

1) Gleichungslösung: $x^3 - x^2 = 0$ | x^2 ausklammern nach Axiom D *(Distributivgesetz)*

$x^2(x-1) = 0$ | Division durch x^2

$x - 1 = 0$

$x = 1$, d.h. Lösungsmenge: $L = \{1\}$.

Aber: Bereits an der ersten Gleichung aber erkennt man, dass auch die Zahl 0 Lösung ist!
Der Fehler steckt in der Division durch den Term x^2, der genau dann Null wird, wenn $x = 0$ gilt!

Übrigens: Hätte man auch noch die dritte Gleichung durch den Term $x - 1$ dividiert, so hätte die entstehende Gleichung $1 = 0$ überhaupt keine Lösung mehr gehabt....

Ergebnis: Die Division einer Gleichung durch Terme, die Null werden können, kann dazu führen, dass Lösungen der Gleichung verloren gehen.

3.3 Bemerkungen zur Zahl NULL

2) *Behauptung:* Die Zahlen 1 und 2 sind identisch, d.h. die Aussage „1 = 2" ist wahr.

Beweis: Der Term $a^2 - a^2$ *(mit $a \neq 0$)* kann auf zwei Arten geschrieben werden:

i) $a^2 - a^2 = a \cdot (a-a)$ *(a ausklammern – Distributivgesetz Axiom D)*
ii) $a^2 - a^2 = (a+a) \cdot (a-a)$ *(3. binomische Formel – R5.7)*

Also muss wegen der Gleichheit der linken Seiten gelten:

$a \cdot (a-a) = (a+a) \cdot (a-a) \mid :(a-a)$
$\Longleftrightarrow \quad a = a+a = 2a \mid :a \,(\neq 0)$
$\Longleftrightarrow \quad 1 = 2$ □

Der *Fehler* steckt in der drittletzten Zeile: Dort wird durch 0 ($= a-a$) dividiert!

Allem Beiwerk entkleidet lautet die *(fehlerhafte)* Vorgehensweise: Es seien a, b mit $a \neq b$ gegeben. Aus $a \cdot 0 = b \cdot 0$ *(ist stets wahr!)* „folgert" man: $a = b$ *(ist für $a \neq b$ stets falsch!)*

3) Alle Zahlen sind gleich.

Beweis: a und b seien zwei beliebige positive reelle Zahlen mit $a < b$. Dann muss es eine positive reelle Zahl c geben, so dass gilt: $a + c = b$ *(denn: $a < b$)*

Multiplikation der letzten Gleichung mit $b - a$ (> 0) liefert:

$\Longleftrightarrow \quad (a+c) \cdot (b-a) = b \cdot (b-a)$
$\Longleftrightarrow \quad ab + cb - a^2 - ac = b^2 - ba \mid -cb$
$\Longleftrightarrow \quad ab - a^2 - ac = b^2 - ba - cb$
$\Longleftrightarrow \quad a(b-a-c) = b(b-a-c) \mid :(b-a-c)$
$\Longleftrightarrow \quad a = b$.

Also sind die beiden *(bis auf „$a < b$" beliebig gewählten)* Zahlen a und b entgegen der Annahme ($a < b$) stets gleich ($\frac{1}{2}$).

Auch hier steckt der Fehler in der verbotenen Division durch 0 ($= b-a-c$) in der vorletzten Zeile!

Während die Division durch Null generell nicht definierbar und unsinnig ist, darf man prinzipiell durchaus mit Null **multiplizieren**, nach R4.1/R4.2 ergibt sich stets $0 \cdot a = 0$ sowie $0/a = 0$ ($a \neq 0$). Problematisch allerdings wird die Multiplikation mit Null, wenn sie im Verlauf einer **Gleichungslösung** geschieht. *(Allgemeines zur Lösung von Gleichungen siehe Kap. 3.6)*

Beispiel: Die Gleichung $5 = 7$ ist stets falsch, besitzt also keine Lösung, $L = \{\ \}$.
Multiplizieren wir aber diese Gleichung auf beiden Seiten mit 0, so resultiert:
$0 = 0$, eine Gleichung, die stets wahr ist und daher die Lösungsmenge $L = \mathbb{R}$ besitzt.
Also ist die **Multiplikation** einer Gleichung mit **0 keine** Äquivalenzumformung.

Bei der Multiplikation einer Gleichung mit einem Term, der Null werden kann, können somit Lösungen **hinzukommen**. Daher muss man – wenn sich eine derartige Multiplikation nicht vermeiden lässt – mit den schließlich gewonnenen Lösungen an der Ausgangsgleichung die Probe machen und evtl. nicht zulässige Werte als Lösungen aussondern.

Beispiel:
$$\frac{(x-4)^2}{x-5} - \frac{1}{x-5} = 0 \quad | \cdot (x-5)$$
$$\Leftrightarrow \quad (x-4)^2 - 1 = 0 \quad | \text{ Anwendung der 3. Bin. Formel, R5.7}$$
$$\Leftrightarrow \quad x-4-1 = 0 \vee x-4+1 = 0$$
$$\Leftrightarrow \quad x-5 = 0 \vee x-3 = 0$$
$$\Leftrightarrow \quad x = 5 \vee x = 3 \quad \text{d.h. „Lösungsmenge"} \quad L = \{3\,;5\}.$$

Die Probe an der Ausgangsgleichung zeigt, dass die Zahl „5" nicht zur Definitionsmenge der Gleichung gehört und somit auch keine Lösung der Ausgangsgleichung sein kann. Die korrekte Lösungsmenge lautet daher: $L = \{3\}$.

Durch die Multiplikation der Ausgangsgleichung mit dem Term „$x-5$" *(der für $x := 5$ zu Null wird)* ist eine „Lösung" hinzugekommen.

Beispiel:
$$x - 1 = 0 \quad | \cdot (x-2)$$
$$\Leftrightarrow \quad (x-1)(x-2) = 0$$
$$\Leftrightarrow \quad x-1 = 0 \vee x-2 = 0$$
$$\Leftrightarrow \quad x = 1 \vee x = 2$$
$$\Leftrightarrow \quad L = \{1\,;2\}.$$

Man erkennt, dass die Zahl 2 keine Lösung der Ausgangsgleichung ist.
Grund: Multiplikation der 1. Gleichung mit dem für „2" verschwindenden Term $x-2$.

Daher lautet die korrekte Lösungsmenge: $\quad L = \{1\}$.

F3.2 Die Magie der Zahlen „Null" und „Eins" *(siehe ihre Rolle als neutrale Elemente der Addition bzw. Multiplikation in den Axiomen A3 bzw. M3)* und die damit verbundene Tendenz zu ihrer Verwechslung könnte auch eine Rolle spielen bei der nicht selten zu beobachtenden fehlerhaften „Technik" bei der Lösung von Gleichungssystemen:

(a)
$$\frac{6 \cdot x^7 \cdot y^5 = a}{\wedge \quad 2 \cdot x^2 \cdot y^3 = a} \quad | \text{ (Division; } x, y, a \neq 0\text{)}$$
$$3 \cdot x^5 \cdot y^2 \neq 0 \quad \text{(statt „1")}$$

(b)
$$\frac{35 \cdot (x-3)^7 = 0}{\wedge \quad 7 \cdot (x-3)^3 = 0} \quad | \text{ (Division; } x \neq 3\text{)}$$
$$5 \cdot (x-3)^4 \neq 0 \quad (^0\!/_0 \text{ ist nicht definierbar!})$$

Bemerkung: Die Zahl Null spielt auch beim Umgang mit Potenzen a^x („a^0", „0^0") eine Sonderrolle, siehe den nachfolgenden Abschnitt über Potenzrechnung und die dort auftretenden Fehler.

*Wenn Fehler korrigiert werden,
sobald man sie als solche erkennt,
dann ist der Pfad zum Fehler
der Pfad zur Wahrheit.*

Hans Reichenbach

3.4 Potenzen – Darstellung und Fehlerquellen

Um die „klassischen" Fehler im Zusammenhang mit der Potenzrechnung charakterisieren zu können, ist es erforderlich, zunächst die wesentlichen Definitionen und Regeln des Rechnens mit Potenzen aufzuführen. Damit der Text halbwegs übersichtlich bleibt, werden die Beweise der Potenzgesetze nicht strikt durchgeführt, sondern – anhand von einfachen Beispielen – angedeutet oder nahegelegt.

Die elementare Definition einer Potenz a^n lautet:

Def. 3 $\quad a^n := \underbrace{a \cdot a \cdot a \cdot \ldots \cdot a}_{n \text{ Faktoren}} \qquad (a \in \mathbb{R}, n \in \mathbb{N})$

Bemerkungen: Im Term a^n heißen:
- a : Basis (Grundzahl)
- n : Exponent (Hochzahl)
- a^n : Potenz („ a hoch n ").

Im Fall $n = 1$ existiert nur ein einziger „Faktor", d.h. man definiert: $\boxed{a^1 := a}$.

Wie bereits früher in den Konventionen K2, K6 und K7 angeführt, vereinbart man:

K2 $\quad \boxed{a^{b^c} := a^{(b^c)}}$, d.h. „von oben nach unten" (falls keine Klammern stehen).

Beispiel: $\quad 4^{3^2} := 4^{(3^2)} = 4^9 = 262.144$

aber: $\quad (4^3)^2 = 64^2 = 4.096 \qquad$ („Klammer zuerst")

K6 $\quad \boxed{ab^n := a \cdot (b^n)} \qquad$ („Potenz vor Punkt")

Beispiel: $\quad 4 \cdot 3^5 = 4 \cdot 243 = 972$

aber: $\quad (4 \cdot 3)^5 = 12^5 = 248.832 \qquad$ („Klammer zuerst")

K7 $\quad \boxed{-a^n := -(a^n)} \qquad$ („Potenz vor Strich")

Beispiel: $\quad -2^4 = -(2^4) = -(2 \cdot 2 \cdot 2 \cdot 2) = -(16) = -16$

aber: $\quad (-2)^4 = (-2) \cdot (-2) \cdot (-2) \cdot (-2) = 16 \quad$ („Klammer zuerst").

Der Potenzbegriff nach Def. 3 kann in mehrfacher Hinsicht definitorisch erweitert werden. Um diese Erweiterungen plausibel erscheinen zu lassen, betrachten wir vorab eine besonders einfache Rechenregel für die nach Def. 3 erklärten Potenzen:

Zwei Potenzen *(mit gleicher Basis a)*, also etwa a^2 und a^3, werden miteinander multipliziert, indem man ihre Exponenten addiert *(und die Basis beibehält)*.

Diese Regel ist unmittelbar plausibel, da ja die Exponenten jeweils die Anzahl der beteiligten Faktoren beschreiben und die Multiplikation von 2 Faktoren mit 3 Faktoren nach dem Assoziativgesetz der Multiplikation (Axiom M2) zusammen fünf Faktoren ergibt:

$$(a^2) \cdot (a^3) = (a \cdot a) \cdot (a \cdot a \cdot a) = a^{2+3} = a^5 .$$

Analoges gilt, wenn der erste Faktor a^m aus m Faktoren und der zweite Faktor a^n aus n Faktoren besteht: Das Produkt $a^m \cdot a^n$ muss dann zwangsläufig aus m+n Faktoren bestehen.

Wir erhalten somit als allgemeine Multiplikations-Regel P1 für die in Def. 3 erklärten Potenzen:

P1
$$\boxed{a^m \cdot a^n = a^{m+n}} \qquad (a \in \mathbb{R}, m,n \in \mathbb{N})$$

(„Zwei Potenzen mit gleicher Basis werden multipliziert, indem man – bei unveränderter Basis – die Exponenten addiert.")

Beispiel: $1\,000 \cdot 100\,000 = 10^3 \cdot 10^5 = 10^8 = 100\,000\,000.$

Man könnte nun danach fragen *(Mathematiker z.B. fragen stets danach, ob eine Theorie auf verwandte oder andere Gebiete ausgedehnt werden kann)*, ob hier als Exponent auch andere als die natürlichen Zahlen *(1, 2, 3,...)* in Frage kommen können, also etwa die **Null** oder **negative** Zahlen.

(a) Angenommen, wir möchten als Exponent die „0" verwenden: Welche zahlenmäßige Bedeutung müsste man einer derartigen Potenz a^0 zuweisen?

Unter der *(sinnvollen)* Voraussetzung, dass das soeben angeführte Potenzgesetz P1: $a^m a^n = a^{m+n}$ seine Gültigkeit behält, setzen wir für n die Zahl 0 ein. Dann lautet P1:

$$a^m \cdot a^0 = a^{m+0} = a^m .$$

Daraus ergibt sich a^0 (nach Multiplikation mit $\frac{1}{a^m}$) zu: $a^0 = a^m \cdot \frac{1}{a^m} = 1$ *(mit $a \neq 0$!)*.

Somit lautet die einzig sinnvolle *(wenn auch anschaulich ungewöhnliche)* Definition von a^0:

Def. 4a: $\boxed{a^0 := 1} \qquad (a \neq 0)$

(b) Wir könnten weiterhin fragen, ob auch **negative** ganzzahlige Exponenten *(– 1, – 2, – 3, ...)* sinnvoll sein könnten. Wir nehmen als Beispiel n = – 2 und fragen nach der Bedeutung von a^{-2}:

Setzen wir wieder die Gültigkeit von P1 voraus *(denn nur dann liefert die Erweiterung des Potenzbegriffs einen Effizienzgewinn)*, so kann man diese neue Potenz a^{-2} z.B. mit a^2 multiplizieren und erhält:

$$a^{-2} \cdot a^2 \underset{P1}{=} a^{-2+2} \underset{A3}{=} a^0 \underset{\text{Def.4a}}{=} 1 .$$

Daraus erhält man durch Umstellung *(Multiplikation mit $\frac{1}{a^2}$)*: $a^{-2} = \frac{1}{a^2}$,

d.h. die einzig sinnvolle Definition von Potenzen mit negativen Exponenten lautet:

Def. 4b: $\qquad \boxed{a^{-n} := \frac{1}{a^n}} \qquad$ ($a \neq 0$; $n \in \mathbb{Z}$)

Zusammenfassend erhalten wir mit den Definitionen 4a und 4b die erweiterten Potenzdefinitionen

Def. 4 $\qquad \boxed{\mathbf{a^0 := 1} \qquad\qquad \mathbf{a^{-n} := \frac{1}{a^n}}} \qquad$ ($a \neq 0$, $n \in \mathbb{Z}$)

Beispiele: $\quad 2009^0 = 1$; $x^0 + y^0 = 2$ (sofern $x, y \neq 0$) ; $(x+y)^0 = 1$ (sofern $x+y \neq 0$)

$$\frac{3}{10\,000\,000} = \frac{3}{10^7} = 3 \cdot 10^{-7} \quad ; \quad \underset{(x+y \neq 0)}{\frac{1}{x+y} = (x+y)^{-1}} \underset{(!)}{\neq} \underset{(x, y \neq 0)}{x^{-1} + y^{-1} = \frac{1}{x} + \frac{1}{y}}$$

Wir können mit Hilfe dieser Definition unmittelbar angeben, wie sich zwei Potenzen *(mit gleicher Basis)* bei **Division** verhalten:

$$\frac{a^m}{a^n} = ??? \qquad (m, n \in \mathbb{N} ;\ a \neq 0)$$

Wir unterscheiden drei Fälle, je nachdem, ob gilt: $m > n$, $m = n$ oder $m < n$.

(1) Sei $m > n$, d.h. der Zähler besitze mehr Faktoren als der Nenner, z.B. $\frac{a^5}{a^2}$. Dann folgt mit Hilfe der Kürzungsregel R11 :
$$\frac{a^5}{a^2} \underset{\text{Def.3}}{=} \frac{a \cdot a \cdot a \cdot a \cdot a}{a \cdot a} \underset{\text{R11}}{=} a^3 = a^{5-2}$$

(2) Sei $m = n$, d.h. Zähler und Nenner sind identisch, z.B. $\frac{a^2}{a^2}$. Dann gilt einerseits nach der Kürzungsregel R11 sowie andererseits nach dem ersten Potenzgesetz P1:
$$\frac{a^2}{a^2} = \frac{\cancel{a^2}\,1}{\cancel{a^2}\,1} = 1 \qquad \text{und andererseits – in Übereinstimmung mit Def. 4 –}$$

$$\frac{a^2}{a^2} \underset{\text{Def.2}}{=} a^2 \cdot \frac{1}{a^2} \underset{\text{Def.4}}{=} a^2 \cdot a^{-2} \underset{\text{P1}}{=} a^{2-2} = a^0 \underset{\text{Def.4}}{=} 1 .$$

(3) Sei $m < n$, d.h. der Zähler besitze weniger Faktoren als der Nenner, z.B. $\frac{a^2}{a^5}$. Dann gilt nach der Kürzungsregel R11 sowie nach Def. 4:

$$\frac{a^2}{a^5} \underset{\text{Def.3}}{=} \frac{a \cdot a}{a \cdot a \cdot a \cdot a \cdot a} \underset{\text{R11}}{=} \frac{1}{a^3} \underset{\text{Def.4}}{=} a^{-3} = a^{2-5} .$$

In allen drei Fällen erhält man das **Division**sergebnis durch **Subtraktion** der beiden Exponenten:

P2
$$\frac{a^m}{a^n} = a^{m-n} \qquad (a \neq 0,\, m,n \in \mathbb{Z})$$

(*„Zwei Potenzen mit gleicher Basis werden dividiert, indem man – bei unveränderter Basis – die Exponenten subtrahiert (Zähler-Exponent minus Nenner-Exponent).")*

Bemerkung: *In Def. 4 wird als* **Basis** *ausdrücklich die* **Null** *ausgeschlossen, d.h.* 0^0 *und (z.B.)* 0^{-3} *sind nicht definierbare, also „verbotene" Terme. Grund: Sowohl* a^0 *(=* $a^m : a^m$ *) als auch* a^{-n} *(=* $1/a^n$ *) wurden über eine Division eingeführt (s.o.), und – wie wir aus dem Vorhergehenden wissen – ist jede* **Division durch Null nicht definiert** *(und daher unsinnig und somit „verboten").*

Typisches Beispiel: $\qquad 0^0 = 0^{2-2} = \dfrac{0^2}{0^2} = \dfrac{0}{0} \quad (\notin)$

Die Nichtberücksichtigung der Forderung „Basis ungleich Null!" ist denn auch eine Quelle vieler algebraischer **Fehler** *(siehe etwa Kap. 3.3).*

Eine weitere wichtige Potenz-Regel ergibt sich, wenn man eine gegebene Potenz a^m erneut *(etwa mit dem Exponenten n)* potenziert: $(a^m)^n = $???

Beispiel: Gesucht sei der Wert der Potenzen $(a^2)^3$ sowie $(a^3)^2$. Nach Def. 3 und Potenzgesetz P1 gilt:

$$(a^2)^3 \underset{\text{Def.3}}{=} (a^2)\cdot(a^2)\cdot(a^2) \underset{\text{P1}}{=} a^{2+2+2} = a^{2\cdot 3} = a^6 \,;$$

Analog: $\qquad (a^3)^2 \underset{\text{Def.3}}{=} (a^3)\cdot(a^3) \underset{\text{P1}}{=} a^{3+3} = a^{3\cdot 2} = a^6$.

Wir erhalten auf gleichem Wege das folgende *allgemeine* Ergebnis für die potenzierte Potenz $(a^m)^n$:

P3
$$(a^m)^n = (a^n)^m = a^{m\cdot n} \qquad (a \neq 0,\, m, n \in \mathbb{Z})$$

(*„Eine Potenz wird potenziert, indem – bei unveränderter Basis – die Exponenten multipliziert werden.")*

Beispiel *(Anwendung von P1-P3)*:

$$\frac{(u^{-3})^2 \cdot v^4 \cdot w \cdot u^6}{u^{-8} \cdot v^{-5} \cdot (w^2)^4} \underset{\substack{\text{R9}\\\text{P3}}}{=} \frac{u^{-6}\cdot u^6}{u^{-8}}\cdot \frac{v^4}{v^{-5}} \cdot \frac{w}{w^8} \underset{\substack{\text{P1}\\\text{P2}}}{=} u^{-6+6-(-8)}\cdot v^{4-(-5)} \cdot w^{1-8}$$

$$= u^8 \cdot v^9 \cdot w^{-7} = \frac{u^8 \cdot v^9}{w^7}. \qquad (u, v, w \neq 0)$$

3.4 Potenzen

Um eine weitere *(und letzte)* Erweiterung des Potenzbegriffs *(nämlich die Verwendung von Brüchen als Exponenten)* zu motivieren, betrachten wir – als Vorbereitung – die Potenz-Gleichung *(Beispiel)*

$$x^3 = a \qquad (z.B. \quad x^3 = 125).$$

Die (positive) Lösung dieser Gleichung wird bekanntlich $\sqrt[3]{a}$ genannt *(im Beispiel: $x = \sqrt[3]{125}$ $(=5)$, denn $5^3 = 125$)*.

Es gilt also für $x > 0$:
$$x^3 = a \quad \Longleftrightarrow \quad x = \sqrt[3]{a} \qquad (*).$$

Es fragt sich jetzt, welche Bedeutung einer Potenz mit einem Bruch als Exponent zukommen könnte. Dabei müssen wir – damit auch solche Potenzen sinnvoll definiert sein können – erneut fordern, dass sämtliche Potenzgesetze, insbesondere P1-P3 auch für derartige Potenzen gültig bleiben.

Beispiel: Was sollte etwa „ $a^{\frac{1}{3}}$ " bedeuten?

Wir setzen: $\quad x = a^{\frac{1}{3}}$.

Potenziert man diese Gleichung auf beiden Seiten mit dem Exponenten „3", so folgt:

$$x^3 = \left(a^{\frac{1}{3}}\right)^3.$$

Da das 3. Potenzgesetz P3 gültig bleiben soll *(muss)*, folgt daraus:

$$x^3 = \left(a^{\frac{1}{3}}\right)^3 \;=\; a^{\frac{1}{3} \cdot 3} \;=\; a^1 \;=\; a,$$

d.h. bei $a^{\frac{1}{3}}$ handelt es sich nach der obigen Gleichung $(*)$ um $\sqrt[3]{a}$!

Ebenso schließt man bei jedem anderen Exponenten $\frac{1}{n}$, so dass sich als einzig sinnvolle Definition ergibt:

Def. 5
$$a^{\frac{1}{n}} := \sqrt[n]{a} \qquad (a \geq 0, n \in \mathbb{N})$$

Bemerkung: $a^{\frac{1}{n}}$ ($= \sqrt[n]{a}$) *ist somit die* **nicht-negative** *Lösung der Gleichung* $x^n = a$, $a \geq 0$, $n \in \mathbb{N}$,

d.h. es gilt $\qquad \left(a^{\frac{1}{n}}\right)^n = a \qquad$ bzw. $\qquad \left(\sqrt[n]{a}\right)^n = a$.

Wir müssen jetzt fordern, dass die Basis a nicht-negativ ist, damit keine nichtdefinierten Ausdrücke wie etwa $\sqrt{-2}$ entstehen.

$\sqrt{0}$ dagegen ist definiert mit dem Wert 0, denn $0^2 = 0$.

Es bleibt noch die Frage zu klären, welche Bedeutung einer Potenz mit einer *beliebigen Bruchzahl* zukommen soll.

Setzt man wieder $\quad\quad x = a^{\frac{m}{n}} \quad (a > 0;\ m \in \mathbb{Z},\ n \in \mathbb{N})\quad,$

so folgt nach Potenzierung mit n und unter Beachtung des 3. Potenzgesetzes:

$$x^n = (a^{\frac{m}{n}})^n = a^{\frac{m}{n} \cdot n} = a^m,$$

d.h. $x\ (= a^{\frac{m}{n}})$ ist die n-te Wurzel aus a^m, d.h. $a^{\frac{m}{n}} := \sqrt[n]{a^m}$ (damit ist $a^{\frac{m}{n}}$ *positive Lösung der Gleichung* $x^n = a^m$, $a > 0$, $m \in \mathbb{Z}$, $n \in \mathbb{N}$).

Wegen $\quad a^{\frac{m}{n}} = (a^m)^{\frac{1}{n}} = (a^{\frac{1}{n}})^m \quad$ definieren wir schließlich:

Def. 6
$$\boxed{\ a^{\frac{m}{n}} := \sqrt[n]{a^m} = \left(\sqrt[n]{a}\right)^m \ } \quad (a > 0,\ m \in \mathbb{Z},\ n \in \mathbb{N})$$

(Die Basis a muss jetzt positiv sein, um (da m < 0 möglich) den Nenner Null auszuschließen.)

Bemerkung: *Man kann zeigen, dass sämtliche Potenzgesetze auch für die in Def. 4/5/6 neu definierten Potenzen gelten (und sogar für beliebige reelle Exponenten!). Die im Exponenten auftretenden Brüche dürfen mit Hilfe der elementaren Rechenregeln für Brüche umgeformt (z.B. erweitert und/oder gekürzt) werden, sofern die* **Basis** *stets* **positiv** *ist! Andernfalls können* **Fehler** *und* **Widersprüche** *auftreten.*

Kostprobe: $\quad -8 = (-2)^3 = (-2)^{6/2} = ((-2)^6)^{\frac{1}{2}} = 64^{\frac{1}{2}} = +8$, also gilt: $-8 = +8$ ($\frac{\ell}{\ell}$)

Beispiel: $\quad \dfrac{\sqrt[4]{u^3}}{\sqrt[6]{u^5}} \underset{\text{Def.6}}{=} \dfrac{u^{3/4}}{u^{5/6}} \underset{\text{P2}}{=} u^{\frac{3}{4}-\frac{5}{6}} \underset{\text{R16}}{=} u^{\frac{9-10}{12}} = u^{-\frac{1}{12}} \underset{\substack{\text{Def.6}\\\text{Def.5}}}{=} \dfrac{1}{\sqrt[12]{u}} \qquad (u > 0)$.

Beispiel: $\quad \sqrt[60]{\dfrac{\sqrt[4]{a^3} \cdot \sqrt[3]{a^2}}{\sqrt[5]{a^4}}} \underset{\substack{\text{Def.5}\\\text{Def.6}}}{=} \left(\dfrac{a^{\frac{3}{4}} \cdot a^{\frac{2}{3}}}{a^{\frac{4}{5}}}\right)^{\frac{1}{60}} \underset{\text{P1/P2}}{=} \left(a^{\frac{3}{4}+\frac{2}{3}-\frac{4}{5}}\right)^{\frac{1}{60}}$

$\quad = \left(a^{\frac{45+40-48}{60}}\right)^{\frac{1}{60}} \underset{\text{P3}}{=} a^{\frac{37}{3600}} \underset{\text{Def.6}}{=} \sqrt[3600]{a^{37}}$, $(a > 0)$.

Mit Hilfe von Def. 5 und Def. 6 lässt sich jede Wurzel in Potenzschreibweise *(mit einem Bruch als Exponent)* darstellen, mit Hilfe der Potenzgesetze umformen und schließlich wieder in Wurzelschreibweise zurück verwandeln. Daher ist es *nicht* notwendig, eigene Rechengesetze für Wurzeln zu definieren.

3.4 Potenzen

Es fehlen nun noch einige Regeln für das Rechnen mit Potenzen, sie werden im Folgenden dargestellt.

Potenziert man das Produkt $a \cdot b$ zweier beliebiger *(positiver)* Zahlen mit dem Exponenten n, so ergibt sich *(im Beispiel für $n = 3$)*:

$$(ab)^3 \underset{\text{Def.3}}{=} (ab)(ab)(ab) \underset{\text{M2}}{=} a \cdot b \cdot a \cdot b \cdot a \cdot b \underset{\text{M5}}{=} a \cdot a \cdot a \cdot b \cdot b \cdot b \underset{\substack{\text{M2}\\\text{Def.3}}}{=} a^3 \cdot b^3.$$

Analoges erhält man für beliebige Exponenten ($\in \mathbb{R}$), so dass man die Regel formulieren kann:

P4
$$(\mathbf{a \cdot b})^\mathbf{n} = \mathbf{a^n \cdot b^n} \qquad (n \in \mathbb{R};\ a, b > 0)$$

(*„Ein Produkt wird potenziert, indem die Faktoren einzeln potenziert werden."*)

F4.1 Einer der häufigsten **Fehler** in der elementaren Algebra besteht darin, dass das Potenzgesetz P4 (*„Faktoren werden einzeln potenziert"*) kritiklos übertragen wird auf das Potenzieren einer **Summe**.

Beispiele: (a) $(a+b)^3 \neq a^3 + b^3$.

Im Fall $(a+b)^2$ tritt dieser Fehler wohl deshalb so gut wie nie auf, weil die berühmten „Binomischen Formeln" R5.7 tief eingeprägt sind/wurden.

(b) $\sqrt{16x^2 + 49y^2} \neq 4x + 7y$

Selbst das drastische Zahlenbeispiel $5 = \sqrt{25} = \sqrt{9+16} \neq 3+4 = 7$ erregt zwar immer wieder schmerzhaftes Erstaunen, heilt aber aller Erfahrung nach nicht nachhaltig vor dem beliebten **Fehler** $(a+b)^x \neq a^x + b^x$.

(c) Gleichungs„lösung": $\dfrac{1}{x} = a + b \;\not\Longleftrightarrow\; x = \dfrac{1}{a} + \dfrac{1}{b}$

(z.B. $a = b = 2$: $1/x = 2+2 = 4 \iff x = 1/4 \neq 1/2 + 1/2$)

Für die Potenz eines Quotienten ergibt sich eine zu P4 ähnliche Regel, wie folgendes Beispiel zeigt:

$$\left(\frac{a}{b}\right)^3 = \left(\frac{a}{b}\right) \cdot \left(\frac{a}{b}\right) \cdot \left(\frac{a}{b}\right) = \frac{a \cdot a \cdot a}{b \cdot b \cdot b} = \frac{a^3}{b^3},$$

m.a.W. *„Ein Quotient wird potenziert, indem Zähler und Nenner separat potenziert werden":*

P5
$$\left(\frac{\mathbf{a}}{\mathbf{b}}\right)^\mathbf{n} = \frac{\mathbf{a^n}}{\mathbf{b^n}} \qquad (n \in \mathbb{R};\ a, b > 0)$$

Beispiel: $\sqrt[5]{\dfrac{32x^5 y^5}{243(z^5-x^5)}} \underset{\substack{\text{Def.5}\\\text{P4}}}{=} \left(\dfrac{32(xy)^5}{243(z^5-x^5)}\right)^{\frac{1}{5}} \underset{\text{P5/P4}}{=} \dfrac{32^{\frac{1}{5}}((xy)^5)^{\frac{1}{5}}}{243^{\frac{1}{5}}(z^5-x^5)^{\frac{1}{5}}} \underset{\substack{\text{P3}\\\text{Def.5}}}{=} \dfrac{2xy}{3\sqrt[5]{z^5-x^5}}$.

Vorsicht:
$\sqrt[5]{z^5 - x^5} \neq z - x$

Weiterhin gelten nach dem Vorhergehenden für **positive** Basen die folgenden für die Gleichungslösung wichtigen Äquivalenzen *(Beweise – mit Logarithmen-Hilfe – befinden sich am Ende von Kapitel 3.5):*

P6 $\quad\boxed{a^x = a^y \quad \Leftrightarrow \quad (x = y \vee a = 1)} \quad (a > 0)$

("Sind zwei Potenzen mit gleichen Basen gleich, so auch ihre Exponenten, oder die Basis ist Eins – und umgekehrt.");

P7 $\quad\boxed{a^x = b^x \quad \Leftrightarrow \quad (a = b \vee x = 0)} \quad (a, b > 0)$

("Sind zwei Potenzen mit gleichen Exponenten gleich, so auch ihre Basen, oder der Exponent ist Null – und umgekehrt.")

P8 Eine Potenz mit positiver Basis ist **stets** positiv: $\boxed{a^u > 0}$ ist stets wahr $(a \in \mathbb{R}^+)$.

Beispiele: i) Exponent positiv: $a^2 > 0$; $a^5 > 0$; $a^{0,5} = \sqrt{a} > 0$; $a^{3/7} > 0$.

ii) Exponent negativ: $a^{-2} = \dfrac{1}{a^2} > 0$; $\quad a^{-0,2} = \dfrac{1}{\sqrt[5]{a}} > 0 \quad$ *usw.*

iii) Exponent = Null: $a^0 = 1 > 0$.

Fehler beim Umgang mit Potenzen – in bunter Mischung:

F4.2 $\sqrt{a^2} \neq a \quad$ *Gegenbeispiel:* Sei $a = -3 \Rightarrow a^2 = (-3)^2 = 9 \Rightarrow \sqrt{a^2} = \sqrt{9} = 3 \neq a$.

Richtig: $\sqrt{a^2} = |a| = \begin{cases} a & \text{falls } a \geq 0 \\ -a & \text{falls } a < 0 \end{cases}$

Beispiele: $\sqrt{100 \cdot x^2} = \begin{cases} 10x & \text{falls } x \geq 0 \\ -10x & \text{falls } x < 0 \end{cases}; \quad \sqrt{(2x-6)^2} = \begin{cases} 2x-6 & \text{falls } x \geq 3 \\ 6-2x & \text{falls } x < 3 \end{cases}$

F4.3 $\sqrt{9} \neq \pm 3, \quad\quad$ *Richtig:* $\sqrt{9} = 3 \quad$ *(siehe Bemerkung nach Def. 5).*

3.4 Potenzen

F4.4 (a) $(x^4)^7 \not= x^{11}$ *(Potenzgesetz P3 verletzt, richtig: x^{28})*

(b) $\dfrac{z^{12}}{z^4} \not= z^3$ *(Exponenten „gekürzt", richtig mit P5: z^8)*

(c) $a^8 - a \not= a^7$ *(ein a „weniger" – Subtraktion mit Division verwechselt!)*
       Richtig: hier kann man allenfalls a ausklammern: $a(a^7-1)$

(d) $5 \cdot 2^7 \not= 10^7$ *(Konventionen K2/K6 nicht beachtet: „Potenz vor Punkt")*
       Richtig: $5 \cdot 2^7 = 5 \cdot (2^7) = 5 \cdot 128 = 640 \;(\not= 10^7 \;(= (5 \cdot 2)^7)$

(e) $-2a^2 \cdot b^2 \not= 4a^2 \cdot b^2$ *(Konventionen K6/K7 nicht beachtet.)*
       Richtig: $(-2) \cdot (a^2)(b^2) \underset{P4}{=} (-2)(ab)^2 = -2(ab)^2$

(f) $-(-2)^4 \not= 16$ *(Konvention K7 nicht beachtet, richtig: $-[(-2)^4] = -16$)*

F4.5 $e^{x+y} \not= e^x + e^y$ *Richtig mit P1: $e^{x+y} = e^x \cdot e^y$*

F4.6 (a) $(a+b)^0 \not= a^0 + b^0$ *(denn: $(a+b)^0 = 1$, aber: $a^0 + b^0 = 1+1 = 2$)*

(b) $(25a^2 + 36b^2)^{\frac{1}{2}} = \sqrt{25a^2 + 36b^2} \not= 5a + 6b$ *(siehe F4.1(b))*

(c) $(ax+by)^{-1} = \dfrac{1}{ax+by} \not= \dfrac{1}{ax} + \dfrac{1}{by} = (ax)^{-1} + (by)^{-1}$ *(siehe F4.1(c))*

(d) $(x+1)^{10} \not= x^{10} + 1$ *(Gegenbeispiel: Setze z.B. $x=1 \Rightarrow LS = 2^{10} = 1024$; $RS = 2$)*

An diesen Beispielen erkennt man die *(bis auf triviale Sonderfälle)* allgemeingültige Regel:

> **„Die Potenz einer Summe ist stets verschieden von der Summe der Potenzen"**:
> $$(a+b)^x \not= a^x + b^x$$

F4.7 $20 + \sqrt{-16} \not= 20$ *(Argumentation: $\sqrt{-16}$ gibt's nicht in $\mathbb{R}$, kann also weggelassen werden)*
       (Gegenargument: 20 plus etwas, was es nicht gibt, gibt's ebenfalls nicht!)

F4.8 $\dfrac{a^2 b^3 c^4}{a^2 + b^3 + c^4} \not= 1$ *(R11 verletzt; richtig: Dieser Term kann nicht weiter „vereinfacht" werden.)*

F4.9 $[(-2)^{-4} \cdot (-2^{-8})]^{-1} \not= [(-2)^{-12}]^{-1} = (-2^{12}) = 4096$ *(K7 verletzt: $-2^{-8} = -(2^{-8})$)*

Richtig: $\ldots \underset{\substack{K7\\R5.3}}{=} [2^{-4} \cdot (-1) \cdot 2^{-8}]^{-1} \underset{P1}{=} [(-1) \cdot 2^{-12}]^{-1} \underset{\substack{P4\\P3}}{=} (-1)^{-1} \cdot 2^{12} = -4096$

F4.10 $(-x^2)^5 \not= (-x^5)^2$ *(Richtig: $LS \underset{\substack{K7\\R5.3}}{=} [(-1) \cdot x^2]^5 \underset{\substack{P4\\P3}}{=} (-1)^5 \cdot x^{10} \underset{\substack{R5.1\\R5.2}}{=} -x^{10}$*

                       $RS \underset{\substack{K7\\R5.3}}{=} [(-1) \cdot x^5]^2 \underset{\substack{P4\\P3}}{=} (-1)^2 \cdot x^{10} \underset{\substack{R5.1\\R5.2}}{=} x^{10}$)

F4.11 Nicht selten geschehen Fehler durch allzu schlampige Schreibweisen, z.B.

(a) $a^{\frac{1}{n}} \neq \frac{1}{a^n}$ (Länge des Bruchstrichs unklar; setze z.B. 2 für n und 4 für a:

$LS = 4^{\frac{1}{2}} = \sqrt{4} = 2$; $RS = \frac{1}{4^2} = \frac{1}{16}$)

(b) $9^{\frac{1}{2}} \neq \frac{1}{9^2}$ ($3 \neq \frac{1}{81}$)

(c) $27^{\frac{-1}{3}} \neq \frac{-1}{27^3}$ (siehe (a): $\frac{1}{3} \neq -\frac{1}{19683}$)

F4.12 ... und immer wieder passieren die kleinen Alltagsunfälle, z.B. *(ohne Kommentar...)*

$a^{-n} \neq -a^n$; $5^0 \neq 0$; $7^{\frac{1}{2}} \neq \frac{1}{2} \cdot 7^{-\frac{1}{2}}$; $(a \cdot b)^2 \neq a^2 \cdot 2ab \cdot b^2$; $5x^2 + 2x^3 \neq 7x^5$

$2 \cdot 1{,}5^2 \neq 3^2$; $2(x+y)^3 \neq (2x+2y)^3$; $-(a-b)^2 \neq (-a+b)^2$; $-2^2 \neq 4$; $x^3 + x^2 \neq x^5$

F4.13 $e^{x^2} + e^{x-1} \neq e^{x^2+x-1}$ *(LS: Die beiden Potenzen können nicht vereinfacht werden*

RS: Nach P1 ergibt sich $e^{x^2+x-1} = e^{x^2} \cdot e^{x-1}$)
                                                              ↑

F4.14 Die größte ohne Symbolzusätze mit drei Ziffern darstellbare Zahl lautet: 9^{9^9}.

Fehlerhaft: $9^{9^9} \neq (9^9)^9$ ($= 9^{9 \cdot 9} = 9^{81} \approx 1{,}966 \cdot 10^{77}$ *(nach P3)*)

Nach Konvention K2 bzw. K8 gilt nämlich: $9^{9^9} := 9^{(9^9)} = 9^{387\,420\,489}$.

Die Berechnung der Stellenzahl dieser großen Zahl erfolgt in Kapitel 3.5 *(Logarithmen)*.

F4.15 Es wird immer behauptet, Terme wie z.B. $\sqrt{-16}$ seien in $\mathbb{R}$ nicht definiert.

Wir können nun beweisen, dass eine derartige Definition durchaus möglich ist ... :o)

Behauptung: $\sqrt{-16} = 4$.

Beweis: Nach Def. 5 lässt sich ein Wurzelterm als Potenz mit gebrochenem Exponenten darstellen, d.h. $\sqrt{-16} = (-16)^{\frac{1}{2}}$. Damit erhalten wir unter Benutzung der Axiome, Rechenregeln und Potenzgesetze folgende Äquivalenzkette:

$$\sqrt{-16} \underset{\text{Def.5}}{=} (-16)^{\frac{1}{2}} \underset{\text{R11}}{=} (-16)^{\frac{2}{4}} \underset{\text{Def.2}}{=} (-16)^{2 \cdot \frac{1}{4}} \underset{\text{P3}}{=} [(-16)^2]^{\frac{1}{4}}$$

$$= [256]^{\frac{1}{4}} \underset{\text{Def.5}}{=} \sqrt[4]{256} = 4, \text{ d.h. tatsächlich } \sqrt{-16} = 4.$$

(Die Probe „$4^2 = 16$ ($\neq -16$)" zeigt sofort, dass an der Beweisführung etwas nicht stimmen kann – obwohl sämtliche Rechenschritte korrekt ausgeführt wurden ...)

Es ist eine wertvolle Schulung,
herauszufinden, dass man falsch lag.

Thomas Carlyle

*Es ist besser,
das richtige Problem falsch anzugehen,
als das falsche Problem richtig anzugehen.*

Richard W. Hamming

3.5 Logarithmen – Darstellung und Fehlerquellen

Wie im Kapitel über Potenzen gilt auch hier: Um die „klassischen" Fehler im Zusammenhang mit der Logarithmenrechnung charakterisieren zu können, wollen wir zuvor die wesentlichen Definitionen und Regeln des Rechnens mit Logarithmen bereit stellen.

Das Wort „Logarithmus" bedeutet inhaltlich dasselbe wie das Wort „Exponent", d.h. die Logarithmen hängen aufs Engste mit den Potenzen zusammen.

Sei eine positive Basis a ($\neq 1$) vorgegeben sowie ein beliebiger Exponent u ($\in \mathbb{R}$). Dann nennt man die Gleichung $a^u = x$ eine „Exponentialgleichung". Nach P8 muss a^u (und somit x) positiv sein: $x > 0$.

Beispiel: $2^u = 64$ *(d.h. $a = 2$; $x = 64$).* Wegen $2^6 = 64$ muss gelten: $u = 6$.

> Man kann zeigen, dass **jede** Exponentialgleichung $a^u = x$ *(mit $a > 0$, $a \neq 1$; $x > 0$)* **genau eine** Lösung u besitzt!

Beispiele:
(i) $10^u = 0{,}00001$ hat die Lösung $u = -5$, denn $10^{-5} = 0{,}00001$
(ii) $2011^v = 1$ hat die Lösung $v = 0$, denn $2011^0 = 1$
(iii) $81^w = 3$ hat die Lösung $w = 0{,}25$ denn $81^{\frac{1}{4}} = \sqrt[4]{81} = 3$ usw.

Bemerkung: Die Zahl 1 als Basis muss ausgeschlossen werden, da die Gleichung $1^u = x$ wenig sinnvoll ist: Links ergibt sich stets „1", also kann die Gleichung nur Lösungen besitzen, wenn auch x mit 1 vorgegeben ist. Betrachtet man dann allerdings die etwas langweilige Gleichung $1^u = 1$, so stellt man fest, dass *jedes* u ($\in \mathbb{R}$) Lösung ist – kurz: Auf die Basis „1" kann getrost verzichtet werden.

Man bezeichnet den **eindeutig bestimmten Exponenten** u in der Gleichung $a^u = x$ ($a > 0, a \neq 1, x > 0$) als **Logarithmus von x zur Basis a**, symbolisch: $u = \log_a x$:

Definition: Logarithmus

Def. 7.1 $\quad a^u = x \quad \Leftrightarrow: \quad u = \log_a x \quad (a > 0, a \neq 1, x > 0)$

Der **Logarithmus** $\log_a x$ einer Zahl x ist also derjenige **Exponent**, mit dem man die Basis a potenzieren muss, um den Potenzwert x zu erhalten:

Def. 7.2
$$a^{\log_a x} = x \qquad (a>0,\ a \neq 1,\ x>0)$$

Für die obigen letzten **Beispiele** hätte man daher auch schreiben können:

(i) $\quad 10^u = 0{,}00001 \quad \Longleftrightarrow \quad u = \log_{10} 0{,}00001 \qquad (=-5)$

(ii) $\quad 2011^v = 1 \quad \Longleftrightarrow \quad v = \log_{2011} 1 \qquad (=0)$

(iii) $\quad 81^w = 3 \quad \Longleftrightarrow \quad w = \log_{81} 3 \qquad (=0{,}25) \qquad$ usw.

Bemerkungen:

i) *Der Potenzwert* x *in* $a^u = x$ *bzw. in* $u = \log_a x$ *heißt auch* **Numerus** $(x > 0)$.

ii) *Die Bildung (Berechnung) des Logarithmus* $\log_a x$ *zum Numerus* x *heißt „logarithmieren".*

iii) *Die Logarithmen zur Basis „10" werden als „dekadische Logarithmen" bezeichnet und mit „lg" abgekürzt. Es gilt also:* $\log_{10} x =: \lg x$. *Die Logarithmen zur Basis „e" (e = Eulersche Zahl* $\approx$ *2,71828 18284 59... werden als „natürliche Logarithmen bezeichnet und mit „ln" abgekürzt. Es gilt also:* $\log_e x =: \ln x$.

Es stellt sich nun die Frage, wie man (z.B. im Fall der Gleichung $10^u = 2$) den passenden Exponenten u, d.h. den Logarithmus $u = \log_{10} 2 = \lg 2$ ermitteln kann, dessen Wert sich **nicht** unmittelbar (wie im letzten Beispiel) durch „scharfes Hinsehen" erschließt.

Die Antwort auf diese Frage ist zweigeteilt:

(1) Für die Basis 10 wurden Anfang des 17. Jahrhunderts umfangreiche Tabellenwerke mit hoher Stellenzahl entwickelt, die sog. dekadischen oder Brigg'schen Logarithmen ($\log_{10} x =: \lg x$). Sie dienten insbesondere dazu, umfangreiche Rechnungen für die Astronomie oder Navigation zu erleichtern. Moderne elektronische (Taschen-) Rechner gestatten darüber hinaus auch die Berechnung der natürlichen Logarithmen ($\log_e x =: \ln x$). Es stehen also für einige ausgewählte Basiszahlen die Werte ihrer Logarithmen zur Verfügung.

(2) Es fragt sich daher weiter, wie sich die Logarithmen *(d.h. Exponenten)* zu anderen Basiszahlen ermitteln lassen, also etwa $\log_{1{,}08} 2000$ oder $\log_2 100$, um damit Gleichungen wie $1{,}08^u = 2000$ oder $2^u = 100$ lösen zu können.

Die Antwort auf Frage (2) lautet:

Kennt man erst einmal die Logarithmen zu *irgendeiner* Basis a (>0), so auch zu *jeder anderen* Basis b (>0). Somit sind die nach (1) bereits bekannten Logarithmen lg bzw. ln ausreichend für die Ermittlung der Logarithmen zu jeder beliebigen Basis.

Den Schlüssel zu dieser Erkenntnis liefern die drei nachfolgend bewiesenen **Rechenregeln L1, L2 und L3 für Logarithmen:**

3.5 Logarithmen

Rechenregeln für Logarithmen *(Basis a mit a > 0 und a ≠ 1)*

L1
$$\log_a(x \cdot y) = \log_a x + \log_a y \qquad (x, y > 0)$$

*("Der Logarithmus eines **Produktes** ist gleich der **Summe** der Logarithmen der Faktoren.")*

Beweis: Der Beweis erfolgt mit Hilfe des Potenzgesetzes P1. Wir benutzen die Definition 7.2 des Logarithmus: $a^{\log_a x} = x$. Dann gilt:
$$\log_a(x \cdot y) \underset{\text{Def.7.2}}{=} \log_a(a^{\log_a x} \cdot a^{\log_a y}) \underset{\text{P1}}{=} \log_a(a^{\log_a x + \log_a y}) \underset{\text{Def.7.2}}{=} \log_a x + \log_a y \qquad \square$$

L2
$$\log_a\left(\frac{x}{y}\right) = \log_a x - \log_a y \qquad (x, y > 0)$$

*("Der Logarithmus eines **Quotienten** ist gleich der **Differenz** der Logarithmen von Zähler und Nenner.")*

Beweis: Der Beweis erfolgt jetzt – wie zu erwarten – mit Hilfe des Potenzgesetzes P2. Wir benutzen erneut die Definition 7.2 des Logarithmus: $a^{\log_a x} = x$. Dann gilt:
$$\log_a\left(\frac{x}{y}\right) \underset{\text{Def.7.2}}{=} \log_a\left(\frac{a^{\log_a x}}{a^{\log_a y}}\right) \underset{\text{P2}}{=} \log_a(a^{\log_a x - \log_a y}) \underset{\text{Def.7.2}}{=} \log_a x - \log_a y \qquad \square$$

L3
$$\log_a(x^r) = r \cdot \log_a x \qquad (x > 0;\ r \in \mathbb{R})$$

*("Der Logarithmus einer **Potenz** x^r ist gleich Exponent r **mal** Logarithmus der Basis x.")*

Beweis: Der Beweis erfolgt nun mit Hilfe des Potenzgesetzes P3. Wir benutzen erneut die Definition 7.2 des Logarithmus: $a^{\log_a x} = x$. Dann gilt:
$$\log_a(x^r) \underset{\text{Def.7.2}}{=} \log_a\left((a^{\log_a x})^r\right) \underset{\text{P3}}{=} \log_a(a^{r \cdot \log_a x}) \underset{\text{Def.7.2}}{=} r \cdot \log_a x \qquad \square$$

Bemerkung: Man vereinbart (siehe Konvention K8): $\log_a u^v := \log_a(u^v) \quad (\neq (\log_a u)^v)$.

Bemerkung: Aus L3 sowie den Definitionen ergeben sich unter Beachtung der Potenzdefinitionen folgende Sonderfälle:
$$\log_a\left(\frac{1}{x}\right) = -\log_a x \quad,\quad \text{denn } \log_a \frac{1}{x} = \log_a x^{-1} \underset{\text{L3}}{=} -\log_a x.$$

$$\log_a \sqrt[n]{x} = \frac{1}{n}\log_a x \quad,\quad \text{denn } \log_a \sqrt[n]{x} = \log_a x^{\frac{1}{n}} \underset{\text{L3}}{=} \frac{1}{n}\log_a x.$$

Aus Def. 7.1 folgt mit $\quad a^u = x \iff u = \log_a x \quad (a > 0 \ ; \ a \neq 1 \ ; \ x > 0)$:

a) Setzt man die linke Gleichung in die rechte Gleichung ein, so folgt: $\quad \boxed{\log_a a^u = u}$.

b) Setzt man die rechte Gleichung in die linke Gleichung ein, so folgt: $\quad \boxed{a^{\log_a x} = x}$.

Daraus wird deutlich, dass **Potenzieren** und **Logarithmieren Umkehroperationen** sind. Für die Basen 10 und e folgt daraus speziell:

$$\lg 10^u = u \ ; \qquad \ln e^u = u \ ; \qquad 10^{\lg x} = x \ ; \qquad e^{\ln x} = x \ .$$

Insbesondere:

$\ln e = 1 \ ; \quad \lg 10 = 1 \ ; \quad \log_a a = 1 \ ; \quad \lg 1000 = \lg 10^3 = 3 \ ;$

$\ln \dfrac{1}{e^y} = \ln e^{-y} = -y \ ; \quad \ln 1 = 0 \ ; \quad \lg 1 = 0 \ ; \quad \log_a 1 = 0 \ (\text{denn } a^0 = 1) \ ;$

$4713 = e^{\ln 4713} = 10^{\lg 4713} \quad \text{oder} \quad x^2 + 1 = e^{\ln(x^2+1)} = 10^{\lg(x^2+1)}$

d.h. jede positive Zahl ist als Potenz zur Basis e *(und auch zur Basis 10)* darstellbar!

Beispiel *(siehe Fehlerbeispiel F4.14 im letzten Kapitel)*:

Gesucht sei die Anzahl der Dezimalstellen der größten ohne Symbolzusätze mit 3 Ziffern darstellbaren Zahl, d.h. von $9^{9^9} = 9^{387\,420\,489}$. Dazu ist es notwendig, diese Zahl als Zehnerpotenz darzustellen, denn der Exponent n der Zahl 10^n liefert unmittelbar ihre Stellenanzahl „n+1" *(z.B. $10^2 \to 3$ Stellen, $10^6 \to 7$ Stellen usw.)*.

Nach dem eben Gesagten sowie aus Def. 7.2 folgt: $\quad 9 = 10^{\lg 9}$, d.h.

$$9^{387\,420\,489} = (10^{\lg 9})^{387\,420\,489} \underset{P3}{\approx} 10^{369\,693\,099,6} \ ,$$

d.h. die Zahl $9^{9^9} \ (= 9^{(9^9)})$ besitzt 369 693 100 Dezimalstellen.

Zum Vergleich: Die Zahl $(9^9)^9 \underset{P3}{=} 9^{81} \approx 1{,}97 \cdot 10^{77}$ besitzt *(nur)* 78 Dezimalstellen.

Bemerkung: Die drei Logarithmengesetze L1, L2, L3 lassen erkennen, dass das Rechnen mit Exponenten (= Logarithmen) die Komplexität der Rechenoperationen reduziert: Aus einer Multiplikation wird eine Addition der Exponenten (L1), aus der Division wird die Subtraktion der Exponenten (L2) und aus der Potenzierung wird die Multiplikation der Exponenten (L3).

Wenn man also weiß, wie man zu gegebenen Zahlen (Numeri) den Logarithmus und umgekehrt zu einem ermittelten Logarithmus wiederum den Numerus berechnen kann, vereinfachen sich schwierige numerische Rechnungen erheblich – gerade diese Vereinfachungsmöglichkeiten haben in früheren nicht-elektronischen Zeiten zur Entdeckung und Tabellierung der Logarithmen geführt.

Wir sind jetzt *(bei Kenntnis der dekadischen (lg) bzw. natürlichen (ln) Logarithmen)* in der Lage, jede beliebige Exponentialgleichung des Typs $a^u = x$ zu lösen *(mit: $a > 0, a \neq 1, x > 0$)*:

Beispiel: Zu lösen sei die Exponentialgleichung $\quad 13^u = 2$.

Wir bilden auf beiden Seiten den Logarithmus „lg" *(„logarithmieren" der Gleichung)*:

$$\lg(13^u) = \lg 2 \ .$$

Auf der linken Seite können wir jetzt L3 anwenden und erhalten:

$$u \cdot \lg 13 = \lg 2 \ .$$

lg 2 und lg 13 lassen sich aus einer Tabelle ablesen oder durch einen herkömmlichen elektronischen Taschenrechner ermitteln. Nach Division der Gleichung durch lg 13 erhalten wir:

3.5 Logarithmen

$$u = \frac{\lg 2}{\lg 13} = \frac{0{,}30103\ldots}{1{,}11394\ldots} \approx 0{,}270238 \quad (= \log_{13} 2).$$

Hätten wir die Ausgangsgleichung $13^u = 2$ mit „ln" *(statt mit lg)* logarithmiert, so sähe die Rechnung wie folgt aus:

$$13^u = 2 \quad | \quad \ln\ldots$$
$$\ln(13^u) = \ln 2 \quad | \quad L3$$
$$u \cdot \ln 13 = \ln 2 \quad | \quad : \ln 13$$
$$u = \frac{\ln 2}{\ln 13} = \frac{0{,}693147\ldots}{2{,}564949\ldots} \approx 0{,}270238 \quad (= \log_{13} 2).$$

Wir erhalten unabhängig von der verwendeten Logarithmen-Basis dieselbe Lösung für u.

Dies bedeutet gleichzeitig, dass der **Quotient zweier Logarithmen** in jeder Basis **denselben Zahlenwert** liefert.

Beispiel: Wir sind jetzt auch in der Lage, Logarithmen zu einer *beliebigen Basis* durch die „bekannten" Logarithmen „lg" oder „ln" auszudrücken:

Wenn etwa $\log_a x$ *(a ≠ 10; a ≠ e; a ≠ 1)* gesucht ist, so geht man wie folgt vor: Wir setzen

$$\log_a x = y,$$

dann folgt nach Def. 7.1 $\quad a^y = x$.

Wir logarithmieren beide Seiten mit einem „bekannten" Logarithmus, etwa ln …

$$\underset{\ln}{\Longleftrightarrow} \quad \ln(a^y) = \ln x \quad \underset{L3}{\Longleftrightarrow} \quad y \cdot \ln a = \ln x \quad \underset{:\ln a}{\Longleftrightarrow} \quad y = \frac{\ln x}{\ln a}, \quad \text{d.h. es gilt}$$

$$\boxed{\log_a x = \frac{\ln x}{\ln a}} \quad \text{sowie } \textit{(mit analoger Argumentation)} \quad \boxed{\log_a x = \frac{\lg x}{\lg a}}.$$

Bemerkung: Mit Hilfe der Logarithmen sind wir in der Lage, die Potenzgesetze P6 und P7 zu beweisen:

P6
$$\boxed{a^x = a^y \quad \Leftrightarrow \quad (x = y \lor a = 1)} \quad (a > 0)$$

(„Sind zwei Potenzen mit gleichen Basen gleich, so auch ihre Exponenten, oder die Basis ist Eins – und umgekehrt.")

Beweis: 1) Sei $a^x = a^y$, $(a > 0)$. Logarithmieren *(ln)* und Anwendung von L3:

$$\Longleftrightarrow \quad x \cdot \ln a = y \cdot \ln a \quad \Longleftrightarrow \quad x \cdot \ln a - y \cdot \ln a = 0$$
$$\underset{D}{\Longleftrightarrow} \quad (x - y) \cdot \ln a = 0$$
$$\underset{R17.1}{\Longleftrightarrow} \quad x - y = 0 \lor \ln a = 0$$
$$\Longleftrightarrow \quad x = y \lor a = 1$$

2) Aus $x = y$ folgt $a^x = a^y$ *(a > 0)*, wegen $1^x = 1^y$ gilt dies auch für $a = 1$ □

P7 $\qquad\boxed{a^x = b^x \iff (a = b \lor x = 0)}\qquad (a, b > 0)$

("Sind zwei Potenzen mit gleichen Exponenten gleich, so auch ihre Basen, oder der Exponent ist Null – und umgekehrt.")

Beweis: 1) Sei $a^x = b^x$, $(a, b > 0)$. Logarithmieren *(ln)* und Anwendung von L3:

$$\iff x \cdot \ln a = x \cdot \ln b \iff x \cdot \ln a - x \cdot \ln b = 0$$
$$\underset{D}{\iff} x \cdot (\ln a - \ln b) = 0$$
$$\underset{R17.1}{\iff} x = 0 \lor \ln a = \ln b$$
$$\iff x = 0 \lor a = b$$

2) Aus $a = b$ folgt $a^x = b^x$ $(a, b > 0)$, wegen $a^0 = b^0$ gilt dies auch für $x = 0$ □

Fehler beim Umgang mit Logarithmen:

Die häufigsten **Fehlerquellen** im Zusammenhang mit der Logarithmenrechnung liegen in der weit verbreiteten *(leider meist fehlerbehafteten)* Tendenz, Logarithmus-Operationen zu „linearisieren"

Beispiele: $\log(a+b) \neq \log a + \log b \qquad oder \qquad (\log a) \cdot (\log b) \neq \log(a \cdot b)$

und dabei komplett die Definition des Logarithmus und die drei Logarithmengesetze zu vernachlässigen, umzudeuten und dabei neue *(falsche)* „Gesetze" zu erfinden.

Daneben tauchen Umformungen der Art $\dfrac{\ln x}{\ln a} \neq \dfrac{x}{a}$ auf, die zeigen, dass etwas Grundlegendes bei der Definition des Logarithmus offenbar nicht verstanden wurde.

Die Vielfalt der Varianten wird in folgenden typischen Fehler-Beispielen deutlich:

F5.1 $\lg 900 + \lg 100 \neq \lg(900 + 100) = \lg 1000 = 3$ *(Log.gesetz L1 nicht beachtet)*

Richtig: $\lg 900 + \lg 100 \underset{L1}{=} \lg(900 \cdot 100) = \lg 90\,000 \approx 4{,}9542$

F5.2 $(\lg 900) \cdot (\lg 100) \neq \lg(900 + 100) = \lg 1000 = 3$ *(L1 falsch angewendet)*

Richtig: $(\lg 900)(\lg 100) \approx 2{,}9542 \cdot 2 = 5{,}9085$

F5.3 $\dfrac{\lg 100\,000}{\lg 100} \neq \lg \dfrac{100\,000}{100} = \lg 1000 = 3$ *(L2 falsch angewendet)*

Variante: $\dfrac{\lg 100\,000}{\lg 100} \neq \lg 100\,000 - \lg 100 = 5 - 2 = 3$ *(L2 falsch angewendet)*

Richtig: $\dfrac{\lg 100\,000}{\lg 100} \underset{Def.7}{=} \dfrac{5}{2} = 2{,}5$

F5.4 $\dfrac{\ln 22}{\ln 1{,}1} \neq \ln 22 - \ln 1{,}1 \underset{L2}{=} \ln \dfrac{22}{1{,}1} = \ln 20 \approx 2{,}9957$ *(L2 falsch angewendet)*

Richtig: $\dfrac{\ln 22}{\ln 1{,}1} \approx \dfrac{3{,}0910}{0{,}0953} = 32{,}4314$

3.5 Logarithmen

F5.5 $\lg 0 \neq 0$ (*lg 0 ist **nicht** definiert! Analoges gilt für ln 0.*)

Falls wir lg 0 dennoch eine Existenz zubilligen wollten: Nach Def. 7 und Def. 8 bezeichnet lg 0 denjenigen Exponenten, mit dem man die Basis 10 potenzieren muss, um 0 zu erhalten:

$$10^{\lg 0} = 0.$$

*Nun liefert aber **jede** Potenz von 10 eine positive Zahl – es gilt stets $10^x > 0$ – siehe Potenzgesetz P8. Somit kann es keinen Exponenten x geben mit $10^x = 0$, und daher existiert lg 0 nicht!*

F5.6 $\lg(-100) \neq -\lg 100 = -2$ ($\frac{\ell}{\ell}$)

(a) *Probe stimmt nicht, es müsste nämlich gelten:* $10^{-2}\ (= 0{,}01) = -100$ ($\frac{\ell}{\ell}$)

(b) *lg (–100) existiert nicht, denn andernfalls bezeichnet nach Def. 7/8 lg (–100) denjenigen Exponenten x, mit dem man 10 potenzieren muss, um –100 zu erhalten:*

$$10^x = -100$$

Da aber 10^x nach P8 stets positiv ist, muss diese Gleichung in $\mathbb{R}$ stets falsch sein! Somit kann lg (–100) in $\mathbb{R}$ nicht existieren.

F5.7 $\ln(5 \cdot e^x) \neq 5 \cdot \ln(e^x) \underset{L3}{=} 5x$ (*L1 grob falsch angewendet* $\frac{\ell}{\ell}$)

Richtig: $\ln(5e^x) \underset{L1}{=} \ln 5 + \ln(e^x) \underset{L3}{=} \ln 5 + x$

F5.8 $2^x \neq x \cdot \ln 2$

offenbar Verwechslung mit $\mathbf{ln}\,(2^x) \underset{L3}{=} x \cdot \ln 2$

F5.9 $\ln(10 \cdot e^y) \neq \ln 10 \cdot \ln(e^y) = y \cdot \ln 10$ (*L1 falsch angewendet* $\frac{\ell}{\ell}$)

Richtig: $\ln(10 \cdot e^y) \underset{L1}{=} \ln 10 + \ln(e^y) \underset{L3}{=} \ln 10 + y$

F5.10 $\ln(e^x - e^{x^2}) \neq \ln(e^x) - \ln(e^{x^2}) \underset{L3}{=} x - x^2$ (*falsche „Linearisierung"*)

Richtig: $\ln(e^x - e^{x^2})$ *kann nicht weiter vereinfacht werden!*

Analog: $\lg(2^x + 5^x) \neq x \cdot \lg 2 + x \cdot \lg 5$
             $\lg(1{,}1^n - 100) \neq n \cdot \lg 1{,}1 - \lg 100$

An diesen Beispielen erkennt man die allgemeingültige (Ausnahme: $x+y = x \cdot y$) Regel:

> **„Der Logarithmus einer Summe ist i.a. verschieden von der Summe der Logarithmen":**
> $$\log_a(x+y) \neq \log_a x + \log_a y \qquad (a \neq 1;\ a, x, y > 0)$$

Sämtliche behandelten Rechenregeln einschließlich Potenz- und Logarithmenregeln werden benötigt, um bei mathematischen Anwendungen **Gleichungen** zu **lösen**. Daher ist es – vor Betrachtung möglicher Fehlerquellen – notwendig, die wichtigsten Verfahren zur Gleichungslösung darzustellen:

> *Widerspruch ist ebenso wenig*
> *ein Zeichen für Falschheit*
> *wie das Fehlen eines Widerspruchs*
> *ein Zeichen für Wahrheit ist.*
>
> *Blaise Pascal*

3.6 Gleichungen – Lösungsverfahren und Fehlerquellen

Jede mathematische Gleichung $T_1 = T_2$ (**Ungleichung** $T_1 \leq T_2$), deren Terme T_1, T_2 eine oder mehrere Variable enthalten, ist eine **Aussageform**. Ersetzt man die Variablen durch Elemente der Definitionsmenge ($\subset \mathbb{R}$), so geht die Gleichung *(bzw. Ungleichung)* in eine *(wahre oder falsche)* Aussage über.

Beispiel: Gleichung $G(x)$: $\dfrac{x^2 - 4}{x - 3} = 0$; Definitionsmenge: $D_G = \mathbb{R} \setminus \{3\}$.

Ersetzt man z.B. x durch 7, so lautet die Gleichung:

$G(7)$: $\dfrac{7^2 - 4}{7 - 3} = 0$ d.h. $\dfrac{45}{4} = 0$

und stellt eine *(falsche)* Aussage dar.

Ersetzt man x durch 2 oder –2, so erhält man die jeweils wahren Aussagen

$\dfrac{2^2 - 4}{2 - 3} = 0$ *(wahr)* und $\dfrac{(-2)^2 - 4}{-2 - 3} = 0$ *(wahr)* .

Die Zahlen 2 und –2 heißen **Lösungen** der Gleichung $G(x)$, die **Lösungsmenge** L von $G(x)$ lautet: L = {–2 ; 2}.

Gleichungen und Ungleichungen können eine, mehrere oder keine Lösungen besitzen:

Lösungen von Aussageformen *(Gleichungen, Ungleichungen)*

> Es gibt Aussageformen *(Gleichungen, Ungleichungen, Gleichungssysteme)*, die in $\mathbb{R}$
>
> i) **lösbar** sind, und zwar
>   a) mit **genau einer** Lösung; *(Bsp.: $x - 1 = 0$; L = {1})*
>   b) mit **mehreren** Lösungen; *(Bsp.: $x^2 = 4$; L = {–2; 2})*
>   c) mit **unendlich vielen** Lösungen; *(Bsp.: $x^2 < 49$; L = {$x \in \mathbb{R}$ | $-7 < x < 7$})*
>
> ii) **allgemeingültig** sind; *(Bsp.: $x^2 - 1 = (x-1)(x+1)$; L = $\mathbb{R}$)*
>
> iii) **unerfüllbar** sind; *(Bsp.: $x^2 + 1 = 0$; $15x + 11 = 3 \cdot (4 + 5x)$; $2^x < 0$: $\Rightarrow$ L = { }).*

Das Problem der Gleichungslösung besteht darin, eine vorgelegte Gleichung $G(x)$: $T_1 = T_2$ (T_1, T_2 sind Terme) mit Hilfe geeigneter **Umformungen**, die die **Lösungsmenge** L_G **nicht verändern** *(Äquivalenzumformungen)*, in eine unmittelbar auflösbare Gleichung *(z.B. $x = 2$)* oder Aussageform *(z.B. $x = 3$ $\lor x = -2$)* zu überführen. Deren Lösungen sind dann identisch mit den gesuchten Lösungen von $G(x)$.

3.6 Gleichungen

Folgende Umformungen sind **Äquivalenzumformungen** der **Gleichung** $T_1 = T_2$:

G1 In $T_1 = T_2$ dürfen die Terme durch **äquivalente** Terme ersetzt werden.
(Die Terme T_1 und T_2 sind äquivalent, wenn sie bei jeder Einsetzung denselben Wert ergeben.)
Beispiel äquivalenter Terme: $x^4 - y^4 = (x^2+y^2)(x^2-y^2) = (x^2+y^2)(x-y)(x+y)$, siehe R5.7
Beispiel: $x^2 - 16 = 0 \underset{R5.7}{\iff} (x-4)(x+4) = 0$.

G2 $T_1 = T_2 \iff T_1 \pm T_3 = T_2 \pm T_3$
("Zu beiden Seiten einer Gleichung darf derselbe Term addiert oder subtrahiert werden.")
Beispiel: $5x = 16 - 3x \underset{+3x}{\iff} 8x = 16$

G3 $T_1 = T_2 \iff T_1 \cdot T = T_2 \cdot T$ ($T \neq 0$, andernfalls können neue Lösungen hinzukommen, siehe Kapitel über die NULL)
("Beide Seiten einer Gleichung dürfen mit demselben, nicht-verschwindenden Term multipliziert werden.")
Beispiel: $4 = x + \dfrac{22}{x^2+3} \underset{\cdot (x^2+3)}{\iff} 4 \cdot (x^2+3) = x(x^2+3) + 22 \quad (= x^3 + 3x + 22)$

G4 $T_1 = T_2 \iff \dfrac{T_1}{T} = \dfrac{T_2}{T}$ ($T \neq 0$, andernfalls können Lösungen verloren gehen, siehe Kapitel über die NULL)
("Beide Seiten einer Gleichung dürfen durch denselben, nicht-verschwindenden Term dividiert werden.")
Beispiel: $7x = -42 \underset{:7}{\iff} x = -6$

G5 $T_1 \cdot T_2 = 0 \iff T_1 = 0 \vee T_2 = 0$ (siehe Regel R17.1)
Beispiel: $(x-3)(2x+7) = 0 \iff x - 3 = 0 \vee 2x + 7 = 0$

G6.1 $T_1 = T_2 \iff T_1^n = T_2^n$
G6.2 $T_1 = T_2 \iff \sqrt[n]{T_1} = \sqrt[n]{T_2}$ } ***nur, wenn n ungerade!*** ($n \in \mathbb{N}$)

Beispiel: $(x-2)^{\frac{1}{3}} = 4 \underset{(\;)^3}{\iff} x - 2 = 64$; $(0{,}5x+2)^3 = 125 \underset{\sqrt[3]{\;}}{\iff} 0{,}5x + 2 = 5$

G7 $T_1^n = T_2^n \iff T_1 = T_2 \vee T_1 = -T_2$ ***nur, wenn n gerade!*** ($n \in \mathbb{N}$)
("einfaches" Quadrieren und Quadratwurzelziehen (z.B. nach dem Muster: $x^2 = 81 \not\iff x = 9$)
ist daher **keine** Äquivalenzumformung! Richtig: $x^2 = 81 \iff x = 9 \vee x = -9$.)
Beispiel: $(x-3)^2 = 49 \iff x - 3 = 7 \vee x - 3 = -7$ (d.h. $x = 10 \vee x = -4$)
(siehe auch Beispiel zu R17.1)

G8 $T_1 = T_2 \iff a^{T_1} = a^{T_2}$ ($a \in \mathbb{R}^+ \setminus \{1\}$)
Beispiel: $\ln(x^2 + 2) = 0{,}7 \underset{e^{\cdots}}{\iff} x^2 + 2 = e^{0{,}7}$ (d.h. $x \approx 0{,}11727 \vee x \approx -0{,}11727$)

G9 $T_1 = T_2 \iff \log_a T_1 = \log_a T_2$ ($T_1, T_2 > 0$; $a \in \mathbb{R}^+ \setminus \{1\}$)
("Man darf – unter Beachtung der Nebenbedingungen – eine Gleichung potenzieren und logarithmieren.")
Beispiel: $1{,}1^x = 5 \underset{\ln}{\iff} \ln(1{,}1^x) = \ln 5 \underset{L3}{\iff} x \cdot \ln 1{,}1 = \ln 5$, d.h. $x = \dfrac{\ln 5}{\ln 1{,}1} \approx 16{,}89$

3 Algebraische Rechenregeln und Fehlerquellen

Die bei der Gleichungslösung auftretenden **Fehler** haben zumeist ihre Ursache in der Verletzung der *Zusatz*bedingungen in den eben aufgeführten Regeln G1 bis G9. Aber auch sämtliche der bisher behandelten sonstigen Regeln/Axiome/Gesetze der Termumformung *(insb. im Zusammenhang mit Potenzen und Logarithmen)* treten auch bei fehlerhafter Gleichungslösung zutage.

Besonders häufig erscheint bei der Gleichungslösung auch folgender **Fehlschluss:**

Die Regeln G6 bis G9 sehen vor, dass die dort erlaubten Operationen mit der *kompletten* linken Seite und zugleich mit der *kompletten* rechten Seite einer Gleichung durchgeführt werden. Häufiger **Fehler:** Die Operation wird mit den einzelnen Teiltermen der rechten und/oder linken Seite durchgeführt und nicht mit der rechten und linken Seite als Ganzes.

Beispiel: $\sqrt{x} = x-2 \not\Leftrightarrow x = x^2-4$. Einzeln quadriert ($\not$); Richtig: $x = (x-2)^2$ (Probe!)

Fehler bei der Lösung von Gleichungen

F6.1 Vorgegeben sei die Gleichung: $\sqrt[3]{x} = a+2$, $a = $ const.

Diese Gleichung soll mit dem Exponenten 3 potenziert werden mit dem „Ergebnis":

$$x \not= a^3 + 8 \quad (\text{statt: } (a+2)^3 = a^3 + 6a^2 + 12a + 8).$$

Empfehlung: Man versehe *(zumindest gedanklich)* vor einer Rechenoperation jede der beiden Seiten einer Gleichung mit einer Klammer: $(T_1) = (T_2)$ statt $T_1 = T_2$.

F6.2 Man löse: $1{,}15 = 1 + \dfrac{p}{100} \quad | \cdot 100$

$\not\Leftrightarrow \quad 115 = 1 + p \quad$ (*Distributivgesetz D nicht beachtet!*)

Richtig: $115 = (1+\dfrac{p}{100}) \cdot 100 \underset{D}{=} 100 + p \quad (usw.)$

F6.3 Man löse: $x^2 - 4x + 29 = 0 \iff x_{1,2} = 2 \pm \sqrt{-25}$

Argumentation: Da es $\sqrt{-25}$ nicht gibt, folgt $L = \{2\}$ ($\not$)

Richtig: Wenn $\sqrt{-25}$ nicht existiert, so auch nicht $2+\sqrt{-25}$, d.h. $L = \{\ \}$.

F6.4 Zu lösen ist: $\dfrac{1}{x} = a+2 \quad |$ Kehrwert auf beiden Seiten bilden

$\not\Leftrightarrow \quad x = \dfrac{1}{a} + \dfrac{1}{2} \quad$ (*Prinzip:* $LS = RS \underset{LS,RS \neq 0}{\iff} \dfrac{1}{LS} = \dfrac{1}{RS} \quad$ verletzt!)

Richtig: $\dfrac{1}{x} = a+2 \underset{a \neq -2}{\iff} x = \dfrac{1}{a+2} \quad (\neq \dfrac{1}{a} + \dfrac{1}{2})$

F6.5 Man löse: $e^{2x} + e^x = 6 \quad |$ beide Seiten logarithmieren, ln ...

$\not\Leftrightarrow \quad \ln(e^{2x}) + \ln(e^x) = \ln 6 \iff 2x + x = \ln 6 \iff x = \dfrac{1}{3} \ln 6 \ (\not)$

alternativ: $\not\Leftrightarrow \quad 2x \cdot x = \ln 6 \iff x_{1,2} = \pm\sqrt{0{,}5 \cdot \ln 6}$

Richtig: Es handelt sich um eine quadratische Gleichung in e^x, man substituiert $y := e^x$

$\iff y^2 + y - 6 = 0 \iff y_{1,2} = -0{,}5 \pm \sqrt{0{,}25+6}$

$\iff y_1 = 2; \ y_2 = -3 \quad$ (zur Lösungsformel siehe Beispiel zu R17.1)

Re-Substitution: 1) $e^x = 2 \iff x = \ln 2 \ (\approx 0{,}69315)$

2) $e^x = -3 \Rightarrow$ *keine weiteren Lösungen, da e^x stets positiv.*

3.6 Gleichungen   53

F6.6   Zu lösen: $7e^x = 31$.

Beim *Logarithmieren* dieser Gleichung wurden die folgenden 4 Fehlervarianten beobachtet:

$7e^x = 31 \not\Leftrightarrow 7x = \ln 31$ *(L1 verletzt)* $\Rightarrow$ $x = 1/7 \cdot \ln 31 \approx 0{,}4906$ ($\not$)

$7e^x = 31 \not\Leftrightarrow (\ln 7) \cdot x = \ln 31$ *(L1 verletzt)* $x = (\ln 31)/(\ln 7) \approx 1{,}7647$ ($\not$)

$7e^x = 31 \not\Leftrightarrow$ wie zuvor, aber 2. Fehler: $(\ln 31)/(\ln 7) \not= \ln(31/7) \approx 1{,}4881$ *(stimmt !)*

$7e^x = 31 \Leftrightarrow \ln(7e^x) = \ln 31 \not\Leftrightarrow x \cdot \ln(7e) = \ln 31$ d.h. $x \approx 1{,}1657$ ($\not$)

Richtig: $7e^x = 31 \Leftrightarrow e^x = 31/7 \Leftrightarrow \ln(e^x) = x = \ln(31/7) = \ln 31 - \ln 7 \approx 1{,}4881$.

F6.7   Die Gleichung $2 \cdot e^x - e^{-2x} = 0$ wird wie folgt „gelöst":

$\underset{\ln}{\not\Leftrightarrow}$ $2x - (-2x) = 0 \Leftrightarrow 4x = 0 \Leftrightarrow x = 0$ *(Probe stimmt nicht!)*

Bei dieser Umformung wurden drei Fehler gemacht:

1) Beim Logarithmieren der linken Seite wurden die Summanden einzeln logarithmiert $\not$

2) Aus $\ln(2e^x)$ wurde $2x$ gemacht, richtig: $\ln(2e^x) \underset{L1}{=} \ln 2 + \ln(e^x) = x + \ln 2$.

3) Auf der rechten Seite wurde „$\ln 0$" gebildet und mit „0" identifiziert. $\ln 0$ aber ist nicht definierbar, da es keinen Exponenten *(= Logarithmus)* zur Basis e gibt, der den Potenzwert 0 liefert, siehe F5.5.

Richtig: $2 \cdot e^x - e^{-2x} = 0 \Leftrightarrow 2e^x = e^{-2x} \underset{\ln, L1}{\Leftrightarrow} \ln 2 + x = -2x$

$\Leftrightarrow 3x = -\ln 2 \Leftrightarrow x \approx -0{,}2310$

F6.8   *Bemerkung:*   *Wenn eine Gleichungslösungs-Prozedur auf eine stets falsche Aussage führt, so ist damit diese falsche Aussage nicht etwa wahr ($\not$), sondern es wird damit signalisiert, dass die Ursprungsgleichung entweder keine Lösung besitzt oder dass im Verlauf der Lösungsprozedur ein Fehler aufgetreten ist.*

Beispiele: a) $5x = 4x \not\Leftrightarrow 5 = 4$.

Fehler bei Division durch x, denn x könnte Null werden. L = {0}.

b) $\dfrac{3x+4}{x} = 3 \underset{\cdot x (\neq 0)}{\Leftrightarrow} 3x + 4 = 3x \underset{-3x}{\Leftrightarrow} 4 = 0$ ($\not$)

Die Ausgangsgleichung besitzt keine Lösung.

F6.9   Zu lösen ist die Gleichung $\left(\dfrac{4}{7}\right)^x = \left(\dfrac{7}{4}\right)^2 \underset{P5}{\Leftrightarrow} \dfrac{4^x}{7^x} = \dfrac{7^2}{4^2} \underset{\underset{R11}{\cdot 7^x \cdot 4^2}}{\Leftrightarrow} 4^x \cdot 4^2 = 7^x \cdot 7^2$

$\underset{P1}{\Leftrightarrow} 4^{x+2} = 7^{x+2}$.   Da die Exponenten gleich sind, müssen auch die Basiszahlen gleich sein, d.h. $4 = 7$ ($\not$), somit keine Lösung.

Durch Einsetzen von -2 für x aber überzeugt man sich davon, dass gilt: $L = \{-2\}$.
Der Fehler steckt in der *(falschen)* Schlussfolgerung: $a^x = b^x \not\Leftrightarrow a = b$.

Richtig: Nach dem Potenzgesetz P7 gilt: $a^x = b^x \Leftrightarrow a = b$ *oder* $x = 0$!
Die Schlussfolgerung muss also lauten: $4 = 7 \lor x + 2 = 0$ d.h. $x = -2$.

Besonders häufig kommen bei Gleichungslösungs-Prozeduren die folgenden vier fehleranfälligen Rechenoperationen **A** bis **D** vor:

A: Eine Gleichung $T_1 = T_2$ wird auf beiden Seiten mit einem dritten Term T multipliziert:
Folgerung: $T \cdot T_1 = T \cdot T_2$.

Fehler: ***Bei dieser Operation können Lösungen hinzukommen, also stets Probe machen!***

Beispiel: $2x = 10 \iff L = \{5\}$. Multipliziert man beide Seiten mit $(x-3)$:
$2x(x-3) = 10(x-3) \iff L = \{3;5\}$, also *keine* Äquivalenzumformung!
Die „Lösung" 3 ist neu hinzugekommen, erfüllt aber die Ausgangsgleichung nicht.

B: Eine Gleichung $T_1 = T_2$ wird auf beiden Seiten durch den Term T dividiert.
Folgerung: $\dfrac{T_1}{T} = \dfrac{T_2}{T}$.

Fehler: ***Bei dieser Operation können Lösungen verloren gehen!***

Beispiel: $(x-1)(x+2) = 0 \underset{R17.1}{\iff} L = \{1;-2\}$.

Dividiert man beide Seiten durch $(x+2)$, so folgt:
$x - 1 = 0 \iff L = \{1\}$, also *keine* Äquivalenzumformung!
Die Lösung „–2" ist verloren gegangen.

Man darf also *(siehe G4 sowie Kap. 3.3)* eine Gleichung nur durch einen nicht verschwindenden Term dividieren, andernfalls können diejenigen Lösungen verloren gehen, die den Divisor zu Null machen.

C: Eine Gleichung $T_1 = T_2$ wird auf beiden Seiten quadriert.
Folgerung: $T_1^2 = T_2^2$.

Fehler: ***Bei dieser Operation können Lösungen hinzukommen, also stets Probe machen!***

Beispiel: $x = 7 \iff L = \{7\}$. Quadriere beide Seiten:
$x^2 = 49 \iff L = \{-7;7\}$, also *keine* Äquivalenzumformung!
Die Probe mit „–7" an der Ausgangsgleichung stimmt nicht.

(Analoges ergibt sich bei Potenzierung der Gleichung mit beliebigen geraden Exponenten!)

D: Auf beiden Seiten einer Gleichung $T_1 = T_2$ wird die Wurzel gezogen.
Folgerung: $\sqrt{T_1} = \sqrt{T_2}$.

Fehler: ***Bei dieser Operation können durch Verletzung von G7 Lösungen verloren gehen!***

Beispiel: $x^2 = 25 \iff L = \{-5;5\}$. Ziehe auf beiden Seiten die Wurzel:
$x = 5 \iff L = \{5\}$, also *keine* Äquivalenzumformung!
Die Lösung „–5" ist verloren gegangen!
Der Fehler besteht in der falschen Identität: $\sqrt{x^2} \neq x$!

Richtig: $\sqrt{x^2} = \begin{cases} x & \text{falls } x \geq 0 \\ -x & \text{falls } x < 0 \end{cases}$

Zur Lösung der Beispielsgleichung ist also nur die folgende Prozedur korrekt:
$x^2 = 25 \iff x = -5 \lor x = 5$, d.h. $L = \{-5;5\}$.

(Analoge Fehler ergeben sich bei beliebigen anderen geraden Wurzelexponenten!)

3.6 Gleichungen

Die folgenden Beispiele zeigen, dass die Fehler nach A-D in durchaus unterschiedlichem Gewand daherkommen können:

F6.10 Zu lösen ist die Gleichung: $\dfrac{(x+5)^2}{x+2} - \dfrac{9}{x+2} = 0 \mid \cdot (x+2)$

$\Leftrightarrow \quad (x+5)^2 - 9 = 0 \mid$ Lösungsformel *(siehe Beispiel zu R17.1)*:

$\Leftrightarrow \quad x^2 + 10x + 16 = 0 \mid \quad x^2 + px + q = 0 \Leftrightarrow x = -\dfrac{p}{2} \pm \sqrt{\left(\dfrac{p}{2}\right)^2 - q}$

$\Leftrightarrow \quad x = -5 \pm \sqrt{25 - 16} = -5 \pm 3$

$\Leftrightarrow \quad x = -2 \vee x = -8 \quad$ d.h. „Lösungsmenge" $L = \{-2; -8\}$.

Die Probe an der Ausgangsgleichung zeigt, dass die Zahl „– 2" nicht zur Definitionsmenge der Gleichung gehört und somit auch keine Lösung der Ausgangsgleichung sein kann.

Die korrekte Lösungsmenge lautet daher: $L = \{-8\}$.

Durch die Multiplikation der Ausgangsgleichung mit dem Term „x+2" *(der für $x := -2$ Null wird)* ist eine vermeintliche „Lösung" hinzugekommen *(Fehlertyp A)*.

F6.11 Der *Fehlertyp B* ist in mehreren, zu teilweise absurden Resultaten führenden Beispielen in F3.1 geschildert worden *(Kap. 3.3)*, so dass wir es hier mit einem kurzen Beispiel bewenden lassen können:

Zu lösen ist die Gleichung $\quad 5x + 20 = 2(x+4) \quad \mid$ 5 ausklammern (D)

$\qquad\qquad\qquad\qquad\qquad 5(x+4) = 2(x+4) \quad \mid : (x+4)$

$\qquad\qquad\qquad\qquad\qquad\quad 5 = 2 \quad$ also $L = \{\ \} \quad$ *(keine Lösung)*.

Der Fehler liegt in der Division durch den Term x+4, der für x = – 4 Null wird. Somit ist die Lösung „– 4" verloren gegangen *(Fehlertyp B)*.

Die korrekte Lösungsmenge lautet daher: $L = \{-4\}$.

F6.12 Man löst folgende Gleichung: $\quad \sqrt{4-x} = x + 2 \mid$ beide Seiten quadrieren

$\qquad\qquad\qquad\qquad\qquad\quad 4 - x = (x+2)^2 = x^2 + 4x + 4 \quad (\neq x^2 + 4\ !!)$

$\qquad\qquad\qquad\Leftrightarrow \quad 0 = x^2 + 5x = x(x+5)$

$\qquad\qquad\qquad\Leftrightarrow \quad x = 0 \vee x = -5$

Für „– 5" stimmt die Probe nicht, d.h. durch das Quadrieren ist – 5 zur Lösungsmenge hinzu gekommen *(und muss nun wieder daraus verbannt werden)*. *(Fehlertyp C)*

Die korrekte Lösungsmenge lautet daher: $L = \{0\}$.

F6.13 Wir zeigen: Alle Zahlen sind identisch.

Beweis-Idee: Wir gehen von einer wahren Identität aus *(hier: $-56 = -56$)* und leiten daraus ab: $0 = 1$, woraus durch Multiplikation mit jeder beliebigen reellen Zahl folgt *(R4.1)*: Alle reellen Zahlen sind identisch gleich Null.

Beweis: $-56 = -56 \iff 49 - 7 \cdot 15 = 64 - 8 \cdot 15$ *(stimmt – bitte nachrechnen!)*

$$\iff 7^2 - 7 \cdot 15 = 8^2 - 8 \cdot 15$$

$$\underset{\text{quad. Erg.}}{\iff} 7^2 - 7 \cdot 15 + \left(\frac{15}{2}\right)^2 = 8^2 - 8 \cdot 15 + \left(\frac{15}{2}\right)^2$$

$$\underset{\text{R5.7}}{\iff} \left(7 - \frac{15}{2}\right)^2 = \left(8 - \frac{15}{2}\right)^2$$

$$\iff 7 - \frac{15}{2} = 8 - \frac{15}{2} \quad \big| +7{,}5$$

$$\iff 7 = 8 \qquad (\cancel{\text{\textit{4}}})$$

$$\underset{-7}{\iff} 0 = 1 \qquad \text{usw.}$$

Fehlertyp D: Aus $a^2 = b^2$ folgt **nicht**: $a = b$ sondern vielmehr: $a = b \lor a = -b$.

F6.14 Der in F6.13 aufgezeigte *Fehlertyp D* lässt sich auch in allgemeiner Verpackung demonstrieren, ist allerdings umständlicher zu formulieren, dafür aber auch etwas schwerer zu durchschauen:

Startgleichung: $n^2 - 2n^2 - n = n^2 - 2n^2 - n$ *(ist stets wahr für $n \in \mathbb{R}$)*

$$\underset{\text{A3}}{\iff} n^2 - n(2n+1) = n^2 - n(2n+1) - (2n+1) + (2n+1)$$

$$\underset{\text{R5.7}}{\iff} n^2 - n(2n+1) = (n+1)^2 - (n+1)(2n+1) \quad \text{(Probe: ausmultiplizieren!)}$$

$$\underset{\text{quad. Erg.}}{\iff} n^2 - n(2n+1) + \left(\frac{2n+1}{2}\right)^2 = (n+1)^2 - (n+1)(2n+1) + \left(\frac{2n+1}{2}\right)^2$$

$$\underset{\text{R5.7}}{\iff} \left(n - \frac{2n+1}{2}\right)^2 = \left((n+1) - \frac{2n+1}{2}\right)^2$$

$$\underset{\sqrt{}}{\iff} n - \frac{2n+1}{2} = (n+1) - \frac{2n+1}{2} \quad \big| + \frac{2n+1}{2}$$

$$\iff n = n+1 \quad , \text{ d.h. } 0 = 1,$$

d.h. *(nach Multiplikation mit beliebigen Faktoren)* alle Zahlen sind gleich Null ...

Ein Kluger
macht nicht alle Fehler selbst.
Er gibt auch anderen eine Chance.

Sir Winston Churchill

> *Die Fehlersuche darf man nicht als Äußerung eines schlechten Geschmackes oder als Meckerei betrachten. Man darf nicht vergessen, dass es außerordentlich schwer ist, Fehler zu vermeiden. Sogar die hervorragensten Mathematiker begingen Fehler, und es ist somit keine Schande, Fehler zu begehen. Einen Fehler zu beseitigen, sooft wir das auch tun müssen, dient der Wissenschaft. Aber es gibt noch einen weiteren Grund, warum das Zusammenstellen von mathematischen Fehlern ... große Bedeutung besitzt. Solche Sammlungen sind eines der durchschlagskräftigsten Mittel für das Lernen.*
>
> *Hugo Steinhaus*

3.7 Ungleichungen – Lösungsverfahren und Fehlerquellen

Es folgen die **Äquivalenzumformungen** für **Ungleichungen** $T_1 < T_2$ bzw. $T_1 > T_2$:
(dabei können T_1, T_2 sowie T Terme oder Zahlen sein)

U1 $\quad T_1 < T_2 \quad\Longleftrightarrow\quad T_1 \pm T < T_2 \pm T$

("Zu beiden Seiten einer Ungleichung darf derselbe Term addiert oder subtrahiert werden.")

U2a $\quad T_1 < T_2 \quad\underset{\cdot T\ (>0)}{\Longleftrightarrow}\quad T_1 \cdot T < T_2 \cdot T \quad$ *(falls der Multiplikator T positiv ist)*

("Wird eine Ungleichung mit einer positiven Zahl multipliziert, so bleibt die Richtung der Ungleichung erhalten".)

U2b $\quad T_1 < T_2 \quad\underset{:T\ (>0)}{\Longleftrightarrow}\quad \dfrac{T_1}{T} < \dfrac{T_2}{T} \quad$ *(falls der Divisor T positiv ist)*

("Wird eine Ungleichung durch eine positive Zahl dividiert, so bleibt die Richtung der Ungleichung erhalten".)

U3a $\quad T_1 < T_2 \quad\underset{\cdot T\ (<0)}{\Longleftrightarrow}\quad T_1 \cdot T > T_2 \cdot T \quad$ *(falls der Multiplikator T **negativ** ist)* **!**

*("Wird eine Ungleichung mit einer **negativen** Zahl multipliziert, so ändert sich die Richtung der Ungleichung, das Ungleichheitszeichen dreht sich um.")*

U3b $\quad T_1 < T_2 \quad\underset{:T\ (<0)}{\Longleftrightarrow}\quad \dfrac{T_1}{T} > \dfrac{T_2}{T} \quad$ *(falls der Divisor T **negativ** ist)* **!**

*("Wird eine Ungleichung durch eine **negative** Zahl dividiert, so ändert sich die Richtung der Ungleichung, das Ungleichheitszeichen dreht sich um.")*

U4 $\quad T_1 < T_2 \quad \underset{T_i > 0}{\Longleftrightarrow} \quad T_1^n < T_2^n \qquad (n > 0;\ T_1, T_2 > 0)$

(„*Quadrieren, Wurzelziehen, Potenzieren mit positiven Exponenten erhält die Richtung der Ungleichung, wobei die Basis stets positiv sein muss.*")

Bemerkung: *Bei Ungleichungen des Typs $x^2 \gtreqless a$ bzw. $T^2 \gtreqless a$ sind für x bzw. T auch negative Werte zulässig. In diesem Fall erfolgt die Lösung am besten mit den Ungleichungsregeln U8.1/8.2 oder durch Fallunterscheidung, s.u.*

U5 $\quad T_1 < T_2 \quad \Longleftrightarrow \quad T_1^{-n} > T_2^{-n} \qquad (n > 0;\ T_1, T_2 > 0)$

d.h.

$\quad T_1 < T_2 \quad \Longleftrightarrow \quad \dfrac{1}{T_1^n} > \dfrac{1}{T_2^n} \qquad (n > 0;\ T_1, T_2 > 0)$

(„*Potenzieren mit negativen Exponenten (Basis positiv), insbesondere Kehrwertbildung (n = 1) ändert die Richtung der Ungleichung.*")

U6 $\quad T_1 < T_2 \quad \Longleftrightarrow \quad \log_c T_1 < \log_c T_2 \qquad (c > 1;\ T_1, T_2 > 0)$

(„*Logarithmieren (Basis größer als Eins) erhält die Richtung der Ungleichung.*")

U7.1 $\quad x < y \quad \Longleftrightarrow \quad T^x < T^y \qquad (T > 1;\ x \in \mathbb{R})$

(„*Zur Potenz erheben (Basis größer als Eins) erhält die Richtung der Ungleichung.*")

U7.2 $\quad x < y \quad \Longleftrightarrow \quad T^{-x} > T^{-y} \qquad (T > 1;\ x \in \mathbb{R})$

d.h.

$\quad x < y \quad \Longleftrightarrow \quad \dfrac{1}{T^x} > \dfrac{1}{T^y} \qquad (T > 1;\ x \in \mathbb{R})$

(„*Zur Potenz erheben (Basis größer Eins), Exponent < 0, ändert die Richtung der Ungleichung.*")

Wichtig für das Lösen von Bruch-Ungleichungen und quadratischen Ungleichungen ist die Beantwortung der Frage, wann ein **Produkt** $a \cdot b$ (bzw. ein **Quotient** $\frac{a}{b}$) zweier Zahlen *(oder Terme)* **positiv** bzw. **negativ** ist. Es gilt ($\vee$ = *logisches „oder"*; $\wedge$ = *logisches „und"*):

U8.1 $\quad \left.\begin{array}{l} a \cdot b > 0 \\[4pt] \dfrac{a}{b} > 0 \end{array}\right\} \quad \Longleftrightarrow \quad (a > 0 \wedge b > 0) \vee (a < 0 \wedge b < 0)$

U8.2 $\quad \left.\begin{array}{l} a \cdot b < 0 \\[4pt] \dfrac{a}{b} < 0 \end{array}\right\} \quad \Longleftrightarrow \quad (a > 0 \wedge b < 0) \vee (a < 0 \wedge b > 0)$

Eingängig *(wenn auch nicht ganz korrekt)* sind dafür die umgangssprachlichen Merkregeln:

„*Ein Produkt* (Quotient) *ist genau dann positiv, wenn beide Faktoren* (Zähler und Nenner) *gleiches Vorzeichen besitzen und genau dann negativ, wenn beide Faktoren* (Zähler und Nenner) *unterschiedliches Vorzeichen besitzen.*"

3.7   Ungleichungen

Beispiele zu U8.1/8.2:

i)   Zu ermitteln ist die Lösungsmenge der Ungleichung   a) $x^2 > 7$ b) $x^2 < 9$.

Lösungsstrategie: Ungleichung auf die Form $a \cdot b \gtreqless 0$ bringen *(ist möglich mit Hilfe der binomischen Formeln, siehe R5.7)* und dann U8.1 bzw. U8.2 anwenden.

Lösungsprozedur:

a) $x^2 > 7 \iff x^2 - 7 > 0 \underset{R5.7}{\iff} (x - \sqrt{7})(x + \sqrt{7}) > 0$

$\underset{U8.1}{\iff} (x - \sqrt{7} > 0 \wedge x + \sqrt{7} > 0) \vee (x - \sqrt{7} < 0 \wedge x + \sqrt{7} < 0)$

$\iff (x > \sqrt{7} \wedge x > -\sqrt{7}) \vee (x < \sqrt{7} \wedge x < -\sqrt{7})$

$\iff x > \sqrt{7} \vee x < -\sqrt{7}$

d.h. die Lösungsmenge L der Ungleichung $x^2 > 7$ lautet:

$L = \{x \in \mathbb{R} \mid x > \sqrt{7} \vee x < -\sqrt{7}\}$ ... $\underset{-\sqrt{7} \quad 0 \quad \sqrt{7}}{\overset{L \qquad\qquad L}{\rule{6cm}{0.4pt}}}$ ... (x)

b) $x^2 < 9 \iff x^2 - 9 < 0 \underset{R5.7}{\iff} (x+3)(x-3) < 0$

$\underset{U8.2}{\iff} (x+3 < 0 \wedge x-3 > 0) \vee (x+3 > 0 \wedge x-3 < 0)$

$\iff (x < -3 \wedge x > 3) \vee (x > -3 \wedge x < 3)$

$\iff$ falsch $\vee (x > -3 \wedge x < 3)$

$\iff x > -3 \wedge x < 3$

d.h. die Lösungsmenge L der Ungleichung $x^2 < 9$ lautet:

$L = \{x \in \mathbb{R} \mid -3 < x < 3\}$ $\underset{-3 \quad 0 \quad 3}{\overset{L \quad L}{\rule{4cm}{0.4pt}}}$ (x)

Bemerkung: *Auch mit Hilfe von Fallunterscheidungen oder mit graphischen Hilfsmitteln lassen sich Ungleichungen lösen, siehe etwa [Ti1] 71 oder Beispiel iii) b) und c).*

ii)   Zu lösen ist die Ungleichung $\dfrac{x}{x-2} < 3$, $x \neq 2$.

Auch hier besteht die Strategie darin, die Ungleichung zunächst auf die Form $\dfrac{a}{b} \gtreqless 0$ zu bringen und dann U8.1/8.2 anzuwenden.

$\dfrac{x}{x-2} < 3 \underset{R11}{\iff} \dfrac{x}{x-2} < 3 \dfrac{x-2}{x-2} \iff \dfrac{x}{x-2} - 3\dfrac{x-2}{x-2} < 0$

$\underset{R15}{\iff} \dfrac{-2x+6}{x-2} < 0 \underset{\substack{:-2 \\ U3b}}{\iff} \dfrac{x-3}{x-2} > 0$

$\underset{U8.1}{\iff} (x-3 > 0 \wedge x-2 > 0) \vee (x-3 < 0 \wedge x-2 < 0)$

$\iff (x > 3 \wedge x > 2) \vee (x < 3 \wedge x < 2)$

$\iff (x > 3) \vee (x < 2)$

d.h. die Lösungsmenge L lautet: $L = \{x \in \mathbb{R} \mid x > 3 \vee x < 2\}$.

iii) Gesucht ist die Lösungsmenge der quadratischen Ungleichung $x^2 - 4x - 5 < 0$.

a) **Lösung mit Hilfe von U8.1/8.2:**

Man gibt der Ungleichung mit Hilfe der quadratischen Ergänzung *(siehe R5.7)* die Form $a \cdot b \gtreqless 0$ und wendet dann U8.1/8.2 an, siehe Beispiel i).

$$x^2 - 4x - 5 < 0 \underset{R5.7}{\Longleftrightarrow} x^2 - 4x + 2^2 - 2^2 - 5 < 0 \underset{R5.7}{\Longleftrightarrow} (x-2)^2 - 9 < 0$$

$$\Longleftrightarrow ((x-2)-3)((x-2)+3) = (x-5)(x+1) < 0$$

$$\underset{U8.2}{\Longleftrightarrow} (x-5 > 0 \land x+1 < 0) \lor (x-5 < 0 \land x+1 > 0)$$

$$\Longleftrightarrow (x > 5 \land x < -1) \lor (x < 5 \land x > -1)$$

$$\Longleftrightarrow \text{falsch} \lor -1 < x < 5$$

d.h. $L = \{x \in \mathbb{R} \mid -1 < x < 5\}$

b) **Lösung mit Hilfe von Fallunterscheidungen:**

Man geht zunächst vor wie im Fall a) bis: $(x-5)(x+1) < 0$

Fall 1: Es werde $x-5 > 0$, d.h. $x > 5$ vorausgesetzt.
Division der Ungleichung durch $x-5$ (> 0) liefert mit U2b:
$x+1 < 0$, d.h. $x < -1$.
Da aber laut Voraussetzung gelten muss: $x > 5$, liefert Fall 1 keinen Lösungsbeitrag.

Fall 2: Es werde nun $x-5 < 0$, d.h. $x < 5$ vorausgesetzt.
Bei Division der Ungleichung durch $x-5$ (< 0) kehrt sich nach U3b die Richtung der Ungleichung um, d.h. es folgt:
$x+1 > 0$, d.h. $x > -1$.
Da weiterhin nach Voraussetzung gelten muss: $x < 5$, kommen als Lösung nur solche x ($\in \mathbb{R}$) in Betracht, für die zugleich $x > -1$ *und* $x < 5$ gilt, d.h. $L = \{x \in \mathbb{R} \mid -1 < x < 5\}$, siehe a).

c) **Graphische Lösung:**

Die Ungleichung $x^2 - 4x - 5 < 0$ kann man schreiben als: $x^2 - 5 < 4x$.

Fasst man rechte und linke Seite jeweils als Funktionsterm f(x) bzw. g(x) auf, d.h.

$f: f(x) = x^2 - 5$ und $g: g(x) = 4x$,

so lautet die zu lösende Ungleichung:

$f(x) < g(x)$.

Die gesuchten Lösungen ergeben sich also für diejenigen Werte von x, für die der Graph der Funktion f unterhalb des Graphen der Funktion g liegt, siehe Skizze:

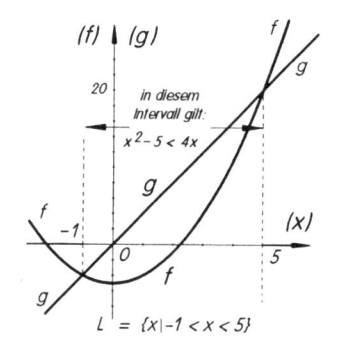

3.7 Ungleichungen   61

Fehler bei der Lösung von Ungleichungen

F7.1 $-2x < 6 \mid :-2 \quad \not\Leftrightarrow \quad x < -3$

Setzt man jetzt z.B. die Zahl -4 *(-4 ist Lösung von „$x < -3$", da $-4 < -3$)* für x in die Ausgangs-Ungleichung ein, so ergibt sich die falsche Aussage $8 < 6$, d.h. -4 ist entgegen der oben ermittelten „Lösungsmenge" *keine* Lösung der Ausgangs-Ungleichung.

Fehler: Es wurde die Regel U3a/b verletzt: Multiplikation/Division einer Ungleichung mit einer negativen Zahl ändert die Richtung der Ungleichung. Richtig: $x > -3$.

F7.2   i) $x^2 > 4 \mid \sqrt{} \quad \not\Leftrightarrow \quad x > 2$

Setzt man jetzt etwa die Zahl -5 *(die nach der letzten Ungleichung als Lösung **nicht** in Frage kommt)* für x in die Ausgangs-Ungleichung ein, so ergibt sich die wahre Aussage $25 > 4$, d.h. -5 ist doch Lösung – entgegen der ermittelten „Lösungsmenge" „$x > 2$"!

Fehler: Auch bei Ungleichungen ist Wurzelziehen keine Äquivalenzumformung, s. U4!

Richtig: $x^2 > 4 \quad \Leftrightarrow \quad x^2 - 4 > 0 \quad \Leftrightarrow \quad (x-2)(x+2) > 0$.
Daraus folgt mit U8.1: $x > 2 \;\vee\; x < -2$.

ii) $x^2 < 25 \mid \sqrt{} \quad \not\Leftrightarrow \quad x < 5$

Setzt man die Zahl -6 *(die zur Lösungsmenge von $x < 5$ gehört, da $-6 < 5$)* für x in die Ausgangs-Ungleichung ein, so ergibt sich die falsche Aussage $36 < 25$, also gehört -6 *nicht* zur Lösungsmenge entgegen der angegebenen „Lösung".

Fehler: Auch bei Ungleichungen ist Wurzelziehen keine Äquivalenzumformung, s. U4!

Richtig: $x^2 < 25 \quad \Leftrightarrow \quad x^2 - 25 < 0 \quad \Leftrightarrow \quad (x-5)(x+5) < 0$.
Daraus folgt mit U8.2: $-5 < x < 5$.

F7.3 $2 > \dfrac{1}{x} \mid \cdot x \quad \not\Leftrightarrow \quad 2x > 1 \quad \Leftrightarrow \quad x > \dfrac{1}{2}$.

Setzt man z.B. die Zahl -1 *(die nach dem erhaltenen Ergebnis als Lösung **nicht** in Frage kommt)* für x in die Ausgangs-Ungleichung ein, so ergibt sich die wahre Aussage $2 > -1$, d.h. -1 ist doch Lösung – entgegen der Rechnung!

Der *Fehler* liegt in der fehlenden Fallunterscheidung bei der Multiplikation der Ungleichung mit dem Term „x". Dieser Term x könnte nämlich negativ werden und eine Änderung der Ungleichungsrichtung zur Folge haben.

Korrekt wäre also eine explizite Fallunterscheidung ($x \neq 0$):

a) $\underbrace{x > 0: \;\Rightarrow\; x > 0{,}5}_{x > 0{,}5}$ *oder*   b) $\underbrace{x < 0: \;\Rightarrow\; x < 0{,}5}_{x < 0}$.

$\vee$

Ebensogut könnte man nach Regel U8.1 vorgehen, indem man die Terme der Ungleichung zuvor geeignet erweitert *($x \neq 0$)*, zu einem Bruchterm zusammenfasst und U8.1 anwendet:

$2 > \dfrac{1}{x} \;\Leftrightarrow\; \dfrac{2x}{x} > \dfrac{1}{x} \;\Leftrightarrow\; \dfrac{2x-1}{x} > 0 \;\Leftrightarrow\; (2x-1 > 0 \wedge x > 0) \vee (2x-1 < 0 \wedge x < 0)$

mit derselben Lösung: $L = \{x \in \mathbb{R} \mid x > 0{,}5 \;\vee\; x < 0\}$.

F7.4 $\quad \dfrac{x}{x-10} < 0 \;\Big|\; \cdot (x-10) \quad \not\Leftrightarrow \quad x < 0$.

Setzt man jetzt etwa die Zahl 5 *(die nach dem erhaltenen Ergebnis als Lösung **nicht** in Frage kommt)* für x in die Ausgangs-Ungleichung ein, so ergibt sich die wahre Aussage $-1 < 0$, d.h. 5 ist doch Lösung – entgegen der errechneten Lösungsmenge „$x < 0$"!

Es handelt sich um denselben *Fehler* wie in F7.3, da der Faktor „$x-10$" negativ werden kann.

Richtig: Nach U8.2 gilt:
$$\begin{aligned}
&(x<0 \wedge x-10>0) \;\vee\; (x>0 \wedge x-10<0)\\
\Longleftrightarrow\;& (x<0 \wedge x>10) \;\vee\; (x>0 \wedge x<10)\\
\Longleftrightarrow\;& \text{„falsch"} \;\vee\; (x>0 \wedge x<10),
\end{aligned}$$

d.h. die Lösungsmenge L lautet: $L = \{x \in \mathbb{R}\,|\, x>0 \wedge x<10\}$.

F7.5 Zu lösen ist die lineare Ungleichung:
$$\begin{aligned}
& y \cdot \ln 0{,}273 < -0{,}7y - 4\\
\Longleftrightarrow\;& y \cdot \ln 0{,}273 + 0{,}7y < -4\\
\Longleftrightarrow\;& y \cdot (\ln 0{,}273 + 0{,}7) < -4\\
\not\Leftrightarrow\;& y < \dfrac{-4}{\ln 0{,}273 + 0{,}7} \approx 6{,}6858 .
\end{aligned}$$

Nach diesem Ergebnis müsste die Zahl „0" Lösung der ursprünglichen Ungleichung sein. Einsetzen von „0" für x liefert: $0 \cdot \ln 0{,}273 < 0-4$, d.h. $0 < -4$ ($\not$).

Der *Fehler* liegt einmal mehr in der Verletzung von U3b, denn der Divisor in der letzten Gleichung ist negativ, somit kehrt sich die Richtung der Ungleichung um, und wir erhalten als korrektes Ergebnis: $y > 6{,}6858$.

F7.6 Beliebt ist auch die folgende Schlussweise:

Die Ungleichung $\quad 3 > 2 \quad$ ist wahr.
Ebenso ist die Gleichung $\;\lg 0{,}5 = \lg 0{,}5\;$ wahr.

Also kann man die die beiden Zeilen miteinander multiplizieren und erhält

$$\begin{aligned}
& 3 \cdot \lg 0{,}5 > 2 \cdot \lg 0{,}5\\
\underset{L3}{\Longleftrightarrow}\;& \lg(0{,}5^3) > \lg(0{,}5^2)\\
\underset{U6}{\Longleftrightarrow}\;& 0{,}5^3 > 0{,}5^2 \quad \text{d.h.} \quad 0{,}125 > 0{,}250 \;(\not).
\end{aligned}$$

Der *Fehler* entsteht nach der Multiplikation der beiden ursprünglichen Aussagen: Da $\lg 0{,}5$ *negativ* ist, muss die Richtung der Ungleichung geändert werden, und wir erhalten daraus schließlich die korrekte Relation $\quad 0{,}5^3 < 0{,}5^2$.

F7.7 Wir können jetzt beweisen:
Jede positive Zahl b ist negativ. *(Diese Aussage ist offenbar unsinnig.)*

„Beweis": Sei $0 < b < a \;\underset{\cdot\,b}{\Longleftrightarrow}\; b^2 < ab \;\underset{-a^2}{\Longleftrightarrow}\; b^2 - a^2 < ab - a^2$

$\underset{D,\,R5.7}{\Longleftrightarrow}\; (b+a)(b-a) < a(b-a) \;\underset{:(b-a)}{\Longleftrightarrow}\; b+a < a \;\underset{-a}{\Longleftrightarrow}\; b < 0 \;(\not)$.

Der *Fehler* liegt hier in der Division durch $(b-a)$ verborgen: Da wir $a > b$ vorausgesetzt haben, ist der Divisor $(b-a)$ negativ, also muss sich nach U3b die Richtung der Ungleichung umkehren – mit dem korrekten Resultat: $b+a > a$, d.h. $b > 0$ *(nach Voraussetzung richtig)*.

*Ein guter mathematischer Scherz
ist immer besser
als ein ganzes Dutzend
mittelmäßiger gelehrter Abhandlungen.*

John E. Littlewood

*Der Küchenchef zu seinem Lehrling:
„Nimm zwei Drittel Wasser,
ein Drittel Sahne und
ein Drittel Gemüsebrühe!"
„Aber das sind ja schon vier Drittel!"
„Naja, dann nimm einfach einen größeren Topf!"*

4 Ausblick – oder: was es sonst noch so alles gibt …

Die vorstehend geschilderten Fehlerbeispiele aus Algebra und Arithmetik stellen einen zwar besonders wichtigen, aber eben doch nur kleinen Ausschnitt aus dem Kosmos mathematischer Fehlermöglichkeiten dar. Ich hoffe deutlich gemacht zu haben, dass es in diesem grundlegenden Bereich der Mittelstufenmathematik eine überschaubare Menge von elementaren Regeln gibt, die – sofern sie stets verfügbar und unmittelbar beweisbar sind – Fehler zwar nicht vermeiden können, aber schnell und nachhaltig den mathematischen Fehlerkern enthüllen helfen.

Die folgenden Beispiele zeigen, dass es sich lohnen dürfte, auch in anderen Bereichen der Mathematik auf Fehlerpirsch zu gehen, innere Widersprüche aufzudecken oder auch nur hin und wieder zu erkennen, wie schwer es ist, den falschen Weg zu meiden.

Die nun folgende recht willkürliche Zusammenstellung von Paradoxien, Trugschlüssen und Fehlern aus verschiedenen mathematischen Bereichen möchte im wesentlichen nur kunterbunt und allenfalls appetitanregend sein für die Verfolgung des Ziels, auch in diesen Bereichen eine einfache inhaltlich-mathematisch begründete Grundstruktur der entsprechenden Fehlerquellen sicht- und beweisbar zu machen.

Aus der Logik…

Schon vor mehr als 2000 Jahren rauften sich die Menschen die Haare, weil sie bestimmte logische Zirkelschlüsse nicht auflösen konnten, Verzweiflungstaten bis hin zum Selbstmord waren die Folge. Bekannte Kostproben sind:

A. Jemand stellt die Behauptung auf: „Dieser Satz ist falsch."

Ist diese Behauptung nun wahr oder falsch?

 a) Angenommen, der Satz ist **wahr**, dann muss – textgemäß – der Satz **falsch** sein.
 b) Angenommen, der Satz ist **falsch**, so ist also der behauptete Inhalt falsch, demnach ist der Satz also gerade **nicht** falsch, sondern **wahr**.

Wenn also der Satz wahr ist, dann ist er falsch, wenn er dagegen falsch ist, so ist er wahr – es ist wahrlich zum Haare-Ausraufen…

B. Ein häufiger logischer Fehlschluss ist in Form einer bekannten Geschichte überliefert:

Sagt der Mathematikprofessor zu einem Studenten: „Wenn Sie die Übungsblätter nicht durcharbeiten, werden Sie die Klausur nicht bestehen!" – Daraufhin arbeitet der Student sämtliche Übungsblätter durch - und besteht zu seinem großen Erstaunen dennoch nicht die Klausur. **Fehlschluss:** Aus $\neg A \Rightarrow \neg B$ folgt *nicht*: $A \Rightarrow B$ *(sondern $B \Rightarrow A$).*

Aus dem Bereich des Unendlichen...

C. Es sei x der Wert der unendlichen Summe $1+2+4+8+16+...$, d.h.

$$x = 1+2+4+8+16+...$$

Dann können wir diese Summe x *(nach dem Distributivgesetz D)* auch so schreiben:

$$x = 1+2\cdot(1+2+4+8+16+...)$$

d.h. $\quad x = 1+2\cdot x \quad | \;-x$

$\quad\quad 0 = 1+x$

d.h. $\quad x = -1$.

Somit gilt also: $\quad 1+2+4+8+16+... = -1 \quad$ *(wider alle Vernunft...)*

D. Während im vorangegangenen Beispiel immerhin sofort einleuchtet, dass die Summe x aller Zweier-Potenzen überhaupt nicht existiert, tun wir uns schon schwerer mit der folgenden Summe *(die nachweisbar existiert und auch in korrekter Form dargestellt ist)*:

Es gilt: $\quad \ln 2 = 1 - \frac{1}{2} + \frac{1}{3} - \frac{1}{4} + \frac{1}{5} - \frac{1}{6} + \frac{1}{7} - \frac{1}{8} + \frac{1}{9} - \frac{1}{10} +/- ...$

Multiplikation mit 2 liefert:

$$2\cdot\ln 2 = 2 - 1 + \frac{2}{3} - \frac{1}{2} + \frac{2}{5} - \frac{1}{3} + \frac{2}{7} - \frac{1}{4} + \frac{2}{9} - \frac{1}{5} +/- ...$$

$$= 1 \;\; - \frac{1}{2} + \frac{1}{3} - \frac{1}{4} + \frac{1}{5} - \frac{1}{6} + \frac{1}{7} - \frac{1}{8} + \frac{1}{9} - \frac{1}{10} +/- ...$$

$$= \ln 2 \quad \Longleftrightarrow \quad 2 = 1 \;(?)$$

Unvollständige Induktion...

E. Jemand behauptet, mit $\quad p(n) = n^2 + n + 41$, $\quad n = 1,2,3,...$

eine Formel gefunden zu haben, die nur Primzahlen liefert. Wir testen:

$p(1) = 43 \quad\quad p(6) = 83 \quad\quad p(11) = 173$
$p(2) = 47 \quad\quad p(7) = 97 \quad\quad p(12) = 197$
$p(3) = 53 \quad\quad p(8) = 113 \quad\quad p(13) = 223$
$p(4) = 61 \quad\quad p(9) = 131 \quad\quad p(14) = 251$
$p(5) = 71 \quad\quad p(10) = 151 \quad\quad p(15) = 281 \quad ...$

usw., usw. – in der Tat: Die Formel liefert ausschließlich Primzahlen!
(Jedenfalls so lange, bis wir „40" einsetzen: $p(40) = 1681 = 41\cdot 41$ ...)

Bemerkung: *Die Formel $p(n) = n^2 - 79n + 1601$, $n = 1,2,3,...$ liefert sogar bis einschließlich $n = 79$ Primzahlen!*

4 Ausblick

Aus der Differentialrechnung...

F. Gesucht sind die Wendepunkte der Funktion f mit

$$f(x) = x^4 - 4x^3 + 6x^2$$

Mit

$$f'(x) = 4x^3 - 12x^2 + 12x$$
$$f''(x) = 12x^2 - 24x + 12$$

folgt für die Wendestellen:

$$12x^2 - 24x + 12 = 0$$
$$x^2 - 2x + 1 = 0$$
$$(x-1)^2 = 0$$
$$x = 1 \,;\; f(1) = 3 \,.$$

f: $f(x) = x^4 - 4x^3 + 6x^2$

(kein Wendepunkt weit und breit...)

Die nebenstehende Funktions-Graphik aber zeigt:

f besitzt überhaupt keinen Wendepunkt ...

Der Umkehrfehler (Rosnick-Clement-Phänomen)...

G. Es seien A die Anzahl der Automobile und R die Anzahl der Räder. Zu einem Auto gehören 4 Räder. Wie lautet die Beziehung zwischen A und R?

Tests haben gezeigt: nur ca. 60% aller Versuchspersonen konnten diese Aufgabe richtig lösen, der häufigste Fehler bestand in folgender Formulierung:

$$A = 4R \qquad \text{(„auf ein Auto kommen 4 Räder...“)}$$

Dies freilich bedeutet, dass für *(z.B.)* R = 40 *(Räder)* gilt: A = 4 · 40 = 160 *(Autos)* ↯.
Richtig: R = 4A.

Fehler – und trotzdem stimmt's ...

Zum Schluss noch die unvermeidlichen Beispiele dafür, dass bzw. wie man mit völlig falschen Methoden dennoch gelegentlich *(meist allerdings nicht ...)* richtige Ergebnisse erzeugen kann.

H. Falsch: $\quad \dfrac{(1+a)^2}{1-a^2} = \dfrac{(1+a)^{\cancel{2}}}{1-a^{\cancel{2}}} = \dfrac{1+a}{1-a}$

Richtig: $\quad \dfrac{(1+a)^2}{1-a^2} \underset{\text{R5.7}}{=\!=} \dfrac{(1+a)(1+a)}{(1-a)(1+a)} \underset{\text{R11}}{=\!=} \dfrac{1+a}{1-a} \quad (!)$

I. Die folgenden Beispiele[15] zeigen, wohin die weit verbreitete Schlampigkeit: „Kürzen" = „Wegstreichen" führen kann:

$$\frac{16}{64} = \frac{1\!\!\!/6}{6\!\!\!/4} = \frac{1}{4}, \quad \text{analog:} \quad \frac{19}{9\!\!\!/4} = \frac{1}{4}; \quad \frac{26}{65} = \frac{2}{5}; \quad \frac{49}{9\!\!\!/8} = \frac{4}{8} = \frac{1}{2}.$$

(Dies sind übrigens die einzigen Fälle für Brüche mit zweistelligem Zähler und Nenner.)

Auch mit größerem Zähler/Nenner hat man oft wenig Mühe...

$$\frac{143185}{1701856} = \frac{1431\!\!\!/85}{1701\!\!\!/856} = \frac{1435}{17056}$$

(denn $143185 = 1435 \cdot \frac{4091}{41}$ sowie $1701856 = 17056 \cdot \frac{4091}{41}$).

Selbst Mehrfach-„Kürzen" kann per Streichung wie durch ein Wunder nicht nur das richtige Endresultat, sondern auch korrekte Zwischenergebnisse liefern:

$$\frac{2666}{6665} = \frac{2\!\!\!/666}{6\!\!\!/665} = \frac{266}{665} = \frac{26}{65} = \frac{2}{5} \qquad \text{oder}$$

$$\frac{666\,250}{1066} = \frac{6\!\!\!/66\,250}{106\!\!\!/6} = \frac{66\,250}{106} = \frac{625\!\!\!/0}{1\!\!\!/0} = 625$$

(das letzte Beispiel[16] besticht durch die Tatsache,
dass es offenbar möglich sein kann, auch einmal
durch die berüchtigte Zahl Null zu kürzen...)

J. Auch die umständliche Addition zweier Brüche *(s. Regel R16:* $\frac{a}{b} \pm \frac{c}{d} = \frac{ad \pm bc}{bd}$) lässt sich durch mutige Neuregelung erheblich vereinfachen:

$$\frac{8}{2} + \frac{-18}{3} = \frac{8-18}{2+3} \qquad \text{(es stimmt tatsächlich: } 4 + (-6) = -10 : 5 = -2 \text{))}$$

K. Im Zeitalter zunehmenden E-Mail-Verkehrs hat der Nutzer gelegentlich das Problem, das Produkt zweier Potenzen, z.B. $2^5 \cdot 9^2$, im Text-Modus am Bildschirm darzustellen. Da trifft es sich gut, dass man derartige Potenz-Verknüpfungen auch ohne umständliches Höher-Positionieren der Exponenten eingeben kann:

$$2^5 \cdot 9^2 = 2592 \qquad \text{oder} \qquad 7^2 - 3^2 = 72 - 32.$$

L. Auch das Wurzelziehen kann erheblich vereinfacht werden, wenn man sich nicht an die Regeln hält:

$$\sqrt{5\tfrac{5}{24}} = \sqrt{5 + \tfrac{5}{24}} = 5\sqrt{\tfrac{5}{24}} \qquad \text{oder}$$

$$\sqrt[3]{2\tfrac{2}{7}} = 2\sqrt[3]{\tfrac{2}{7}} \qquad \text{(es gilt allgemein: } \sqrt[n]{x + \tfrac{x}{x^{n}-1}} = x\sqrt[n]{\tfrac{x}{x^{n}-1}} \text{)}$$

---

[15] Siehe auch Carman, Robert A.: Mathematical Misteaks, The Mathematics Teacher 64 (1971), S. 109ff.
[16] Dieses Beispiel ist mir von Martin Oßmann mitgeteilt worden.

M. Schließlich sollte man sich nicht allzusehr mit komplizierten Potenzregeln abplagen, viel einfacher ist's, störende Exponenten – auch in Summen – einfach wegzustreichen:

Umständlich: $\quad \dfrac{7^3 + 4^3}{7^3 + 3^3} = \dfrac{343 + 64}{343 + 27} = \dfrac{407}{370} = \dfrac{11 \cdot 37}{10 \cdot 37} = \dfrac{11}{10} = 1{,}1\ .$

„Einfach" ($\not{\ }$): $\quad \dfrac{7^3 + 4^3}{7^3 + 3^3} = \dfrac{7 + 4}{7 + 3} = \dfrac{11}{10} = 1{,}1\ .$

N. Die Lösung quadratischer Gleichungen gestaltet sich erstaunlich einfach, wenn man die Regel R17.1

$$(x-a)(b-x) = 0 \iff x-a = 0 \lor b-x = 0 \iff x = a \lor x = b.$$

auch „sinngemäß" auf Gleichungen des Typs $(x-a)(b-x) = c$ mit $c \neq 0$ überträgt:

Beispiel: $\quad (x+3)(2-x) = 4 \not\Longleftrightarrow x+3 = 4 \lor 2-x = 4$

$\qquad\qquad\qquad\qquad\quad \iff x = 1 \lor x = -2$

und siehe da: Es handelt sich tatsächlich um die korrekte Lösung ....

Und wie könnte man nun mit Fehlern im Hörsaal, im Klassenzimmer *(oder möglicherweise sogar in unserer Gesellschaft)* einigermaßen sinnvoll umgehen? – Man kann es kaum treffender formulieren als L. Führer in seiner Mathematik-Didaktik[17]:

„ ‚Durch Null darf man nicht dividieren.' – ‚Durch Differenzen und Summen kürzen nur die Dummen.' – ‚Man darf nichts Falsches an die Tafel schreiben.' ... "

Haben Lehrende Angst, etwas Falsches zu sagen? Statt Fehler ängstlich zu vermeiden, „sollte man sie aufspüren, um etwas aus ihnen zu machen!" Warum nicht immer wieder absichtlich Fehler einstreuen, um Lernende „zum Selberdenken herauszufordern, um sie auf ihre Eigenverantwortung für das hinzuweisen, was in ihren Köpfen entsteht? ... Intelligentes und humanes Reagieren und Agieren verlangt nämlich Mut zum Risiko eigenen Denkens. ...

Die allzu verbreitete negative Fehlereinschätzung und -behandlung ist Symtom einer überholten didaktischen Ideologie, nach der es primär um die korrekte Übernahme positiven[18], eindimensionalen und konservativen Verfahrenswissens geht. Indem Fehler und Lücken zugleich als therapeutische Angelegenheit behandelt und als Eckpfeiler der Leistungsdiagnose herangezogen werden, entsteht ein krankhaftes Bild von mathematischer Bildung:

– Mathematik als geistiger Hürdenlauf, bei dem ein Parcours unpersönlicher Wahrheiten hauptsächlich aufgebaut wird, um die Abwürfe objektiver zählen zu können.

---

[17] Führer, L.: Pädagogik des Mathematikunterrichts, Vieweg 1997, S. 140, teilweise sinngemäß zitiert.
[18] Siehe in diesem Zusammenhang die bemerkenswerten Ausführungen zur Theorie des „negativen" Wissens bei W. Althof (Hrsg.): Fehlerwelten, Opladen 1999, S. 11ff.

- Mathematik als klassisches Auslesefach, in dem fast alle irgendwann ‚abschnallen', um danach fest an jeden Unsinn[19] zu glauben, der ‚wissenschaftlich', weil mathematisch-unverständlich daherkommt.

Denen, die mit Mathe ihre liebe Not haben *(und auch den vielen voreiligen Nicht-Mathematikern)* teilen sich über Examensnoten subjektive Werturteile mit, die später nicht selten im fröhlichen Widerspruch zum besseren Wissen fortleben. Wer kennt das nicht: ‚Mathematik ist sehr wichtig, das weiß doch jeder! Leider habe ich nie viel davon kapiert.'

Die besondere Rolle von absoluten Unwerturteilen im Mathematikunterricht fördert – ungewollt – eine geradezu schizophrene Einstellung erst vieler Schüler/Studenten und dann auch der gebildeten Öffentlichkeit zur Mathematik. Im Namen von Objektivität und Transparenz erscheint nun – gewollt oder ungewollt – mathematische Leistung als etwas Reines, als erfolgreiche Vermeidung von Fehlverhalten, als lokale Lückenlosigkeit und temporäre Unfehlbarkeit. Lernende *argwöhnen* zunächst nur, dass es sich bei den eigentlichen Inhalten der Mathematik *(ab der schulischen Mittelstufe)* um Belanglosigkeiten handeln könnte – die öffentlichen Meinungs-Designer und -Träger glauben allmählich, es zu *wissen*." ∎

Ein Experte ist jemand,
der in einem sehr engen Fachgebiet
alle Fehler gemacht hat,
die man machen kann.
Niels Bohr

Es ist nichts so leicht wie die Selbsttäuschung;
denn was wir wünschen, das glauben wir
nur allzu bereitwillig.
Demokrit (ca. 400 v. Chr.)

Nichts ist verblüffender
als die einfache Wahrheit.
E. E. Kisch

---

[19] Siehe z.B. die folgende wunderbare *(und wahre!)* Geschichte, erlebt von S. Baruk: Wie alt ist der Kapitän? Boston, Berlin 1989, S. 22.f: Beim *(fehlerhaften)* Kürzen eines Bruches erkennt ein Schüler *(durch Einsetzen von Zahlen)*, dass der Bruch auf der linken Seite des Gleichheitszeichens vor dem Kürzen den Wert „2" und der identische, aber „gekürzte" Bruch auf der rechten Seite den Wert „6" annimmt, mithin „2 = 6" „bewiesen" wird. Daraufhin entspinnt sich folgender Dialog: L(ehrerin): Ist es nicht etwas Ungeheuerliches, was du da gerade herausgefunden hast? S(chüler): Na und? – L: Was „na und?". Stört es dich nicht, dass man 2 = 6 findet? – S: Nein. – L: Na hör mal, stell dir vor, du kennst zwei Kinder, eins ist zwei Jahre alt und das andere sechs, würdest du da etwa auch sagen, dass sie dasselbe Alter haben? – S: Nein, natürlich nicht. – L: Also, wie kannst du es dann hier akzeptieren, dass 2 gleich 6 sein soll? – S: Na ja, hier das ist was anderes, das ist doch Mathematik.

Literaturhinweise

[Alt]   *Althof, Wolfgang (Hrsg.)*: Fehlerwelten. Opladen 1999

[Bar]   *Baruk, Stella*: Wie alt ist der Kapitän? Basel, Boston, Berlin 1989

[Bek]   *Beck-Bornholdt, Hans-Peter / Dubben, Hans-Hermann*: Der Hund, der Eier legt. Reinbek 2005

[Car]   *Carman, Robert A.*: Mathematical Misteaks. In: The Mathematics Teacher 64 (1971), 109ff

[Fsh]   *Fischer, Roland / Malle, Günther*: Mensch und Mathematik, München, Wien 2004

[Frd]   *Freudenthal, Hans*: Mathematik als pädagogische Aufgabe. 2 Bände, Stuttgart 1973

[Fü1]   *Führer, Lutz*: Fehler als Orientierungsmittel. In: Mathematik Lehren 125 (2004), 4ff

[Fü2]   *Führer, Lutz*: Pädagogik des Mathematikunterrichts. Braunschweig, Wiesbaden 1997

[Fü3]   *Führer, Lutz*: Ich denke, also irre ich. In: Mathematik Lehren 5 (1984), 2ff

[Fr1]   *Furdek, Attila / Röttel, Karl*: Mach'n Se doch mal wieda 'n Fehla! In: Mathematik Lehren 125 (2004), 13ff

[Fr2]   *Furdek, Attila*: Fehler-Beschwörer. Achern 2001

[Ga1]   *Gallin, Peter / Ruf, Urs*: Sprache und Mathematik in der Schule. Seelze 1998

[Ga2]   *Gallin, Peter / Ruf, Urs*: Dialogisches Lernen in Sprache und Mathematik, 2 Bände. Seelze 2003, 1998

[Gee]   *Geering, Peter*: Aus Fehlern lernen im Mathematikunterricht. In: Beck, E. u.a. (Hrsg.) Eigenständig Lernen, St. Gallen 1995, 59ff

[Heu]   *Heuser, Harro*: Lehrbuch der Analysis, Teil 1. Stuttgart 1994

[Hür]   *Hürten, Karl-Heinz*: Lehrer machen Fehler. In: Mathematik Lehren 5 (1984), 10ff

[Knt]   *Kent, David*: The Dynamic of Put. In: Mathematics Teaching 82 (1978), 32ff

[Kon]   *Konforowitsch, Andrej G.*: Logischen Katastrophen auf der Spur. Leipzig 1992

[Kz1]   *Kutzler, Bernhard*: Mathematikerwitze und Mathematikwitze. Linz 2005

[Kz2]   *Kutzler, Bernhard*: Zitate von Mathematikern & Zitate über Mathematik. Linz 2005

[Ltz]   *Lietzmann, Walter*: Wo steckt der Fehler? Stuttgart 1969

[Mai]   *Maier, Hermann / Schweiger, Fritz*: Mathematik und Sprache. Wien 1999

[Mal]	*Malle, Günther*: Didaktische Probleme der elementaren Algebra. Braunschweig, Wiesbaden 1993
[Man]	*v. Mangoldt, H. / Knopp, Konrad*: Einführung in die höhere Mathematik, Band I. Stuttgart 1962/1990
[Mes]	*Meschkowski, Herbert*: Richtigkeit und Wahrheit in der Mathematik. Zürich 1978
[Osr]	*Oser, Fritz / Spychiger, Maria*: Lernen ist schmerzhaft. Weinheim, Basel 2005
[Rd1]	*Radatz, Hendrik*: Untersuchen zu Fehlleistungen im Mathematikunterricht. In: Journal für Didaktik der Mathematik 1 (1980), 213ff
[Rd2]	*Radatz, Hendrik*: Fehleranalysen im Mathematikunterricht. Braunschweig, Wiesbaden 1980
[Röh]	*Röhrig, Rolf*: Mathematik mangelhaft. Reinbek 2001
[Sfr]	*Schaffrath, Johannes F.*: Gedanken zur Psychologie der Rechenfehler. In: Der Mathematikunterricht 3 (1957), 5ff
[Str]	*Strecker, Christian*: Aus Fehlern lernen und verwandte Themen. Bayreuth 1999
[Ti1]	*Tietze, Jürgen*: Einführung in die angewandte Wirtschaftsmathematik. Braunschweig, Wiesbaden 2006
[Ti2]	*Tietze, Jürgen*: Übungsbuch zur angewandten Wirtschaftsmathematik. Braunschweig, Wiesbaden 2007
[Tiu]	*Tietze, Uwe-Peter / Klika, Manfred / Wolpers, Hans*: Mathematikunterricht in der Sekundarstufe II, Band 1. Braunschweig, Wiesbaden 1997
[Vol]	*Vollrath, Hans-Joachim*: Paradoxien des Verstehens von Mathematik. In: Journal für Mathematikdidaktik 14 (1993), 35ff
[Wal]	*Walter, Wolfgang*: Analysis 1. Berlin, Heidelberg, New York 1992
[Wld]	*Wieland, G. (Hrsg.)*: Mathematik Forum: Fehler! – Fehler? Bern 1990

Irrtümer haben ihren Wert,
jedoch nur hie und da.
Nicht jeder, der nach Indien fährt,
entdeckt Amerika.

Erich Kästner